U0295050

职业教育工学一体化规划教材
ZHIYE JIAOYU GONGXUE YITIHUA GUIHUA JIAOCAI

JIANSHE GONGCHENG QINGDAN JIJIA SHIXUN
YITIHUA RENWUSHU

建设工程清单计价实训一体化任务书

罗敏　主编

中国建筑工业出版社

图书在版编目（CIP）数据

建设工程清单计价实训一体化任务书 / 罗敏主编 . —北京：中国建筑工业出版社，2018.8（2024.1重印）
职业教育工学一体化规划教材
ISBN 978-7-112-22432-6

Ⅰ. ① 建… Ⅱ. ① 罗… Ⅲ. ① 建筑造价-职业教育-教材 Ⅳ. ① TU723.3

中国版本图书馆 CIP 数据核字（2018）第 147351 号

本书共分 10 个工作页，内容包括土石方工程，桩与地基基础工程，砌筑工程，混凝土及钢筋混凝土工程，屋面工程，楼地面工程，墙柱面工程，天棚工程，施工技术措施项目计价及建设工程施工费用。

本书适用于技工院校及其他相关专业院校使用，也可作为土建工程技术人员参考用书。

为更好地支持本课程的教学，我们向使用本书的教师免费提供教学课件，有需要者请与出版社联系，邮箱：10858739@qq.com。

责任编辑：朱首明　刘平平
责任设计：李志立
责任校对：张　颖

职业教育工学一体化规划教材
建设工程清单计价实训一体化任务书
罗　敏　主编
*
中国建筑工业出版社出版、发行（北京海淀三里河路9号）
各地新华书店、建筑书店经销
北京建筑工业印刷厂制版
建工社（河北）印刷有限公司印刷
*
开本：787×1092毫米　1/16　印张：$4\frac{3}{4}$　字数：114千字
2018年11月第一版　2024年1月第二次印刷
定价：**19.00**元（赠课件）
ISBN 978-7-112-22432-6
（32307）

前　言

随着城市建设的不断发展，建筑工程技术专业的就业形势持续走高。近几年来，建筑施工企业对建筑工程技术专业技能型人才的需求量在不断增加，与此同时，企业对建筑类相关专业毕业生的能力要求也在不断提高。因此，培养一批既具有理论知识，更具备专业实践管理能力的毕业生，使其在毕业实习阶段能更好地“顶岗实习”，成为建筑工程技术专业教学的重要目标之一。

“建设工程清单计价”所涉及的专业知识在工程实践中的应用非常广泛。《建设工程清单计价实训一体化任务书》以“加强学生的职业核心能力培养”为目标，围绕“结合自身，弘扬工匠精神”的核心思想，紧扣当前建筑企业的成本控制环节。本书各实训模块工作页都配套相应的任务书，并配有相关的教学资料，图文并茂。模块实训教学拟通过课堂讲授、多媒体手段和学生分组完成等过程，达到培养技能型、实用型人才的培养目标。

本书由浙江建设技师学院罗敏主编，浙江碧桂园投资管理有限公司方朝华、浙江建设技师学院李君任副主编，浙江建设技师学院郭靓、钭娟任主审，限于编者的水平和经验，书中难免有不妥之处，恳请广大读者和同行专家批评指正。

目　　录

工作页1　土石方工程

内容摘要:

一、平整场地

注意定额工程量和清单工程量的计算规则的区别。定额：按建筑物底面积的外边线每边各放2m计算。清单：按设计图示尺寸以建筑物首层建筑面积计算。

二、土石方工程

1. 平整场地、沟槽、基坑及一般土方的划分区别

平整场地：建筑物场地厚度小于等于 ±300mm 的挖、填、运、找平。

沟槽：底宽小于等于 7m 且底长大于 3 倍底宽。

基坑：底长小于等于 3 倍底宽且底面积小于等于 $150m^2$ 为基坑。

一般土方：超过上述范围则为一般土方。

2. 挖沟槽清单工程量计算规则

两种：
- 全国规范：按照设计图示尺寸以基础垫层底面积乘以挖土深度计算
  v = 垫层宽 $B\times$ 挖土深度 $H\times$ 垫层长度 L
- 浙江省规范：考虑放坡和工作面 $V=(B+2c+KH)\times H\times L$（与定额规则一致）

式中　B——垫层宽度；

H——挖土深度；

L——垫层长度；

C——工作面宽度（查表）；

K——放坡系数（查表）。

识图小知识

垫层宽度（B）——查基础剖面图。

挖土深度（H）——查基础剖面图：按垫层底至交付施工场地标高确定，无交付施工场地标高时，按自然地坪标高确定。

垫层长度（L）——查基础平面图：
- 外墙下垫层长：按外墙中心线长度计算；
- 内墙下垫层长：按内墙基础垫层底净长计算；
- 有附墙砖垛：$L_{折加}$=突出墙的垛的面积 / 墙厚。

3. 挖基坑清单工程量计算规则：

两种：
- 全国规范：按照设计图示尺寸以基础垫层底面积 × 挖土深度计算
- 浙江省规范：考虑放坡和工作面 $V=(B+2c+kH)(L+2c+KH)H+1/3\,K^2H^3$

（与定额规则一致）式中各字母表示含义同挖沟槽

注：本书沟槽及基坑清单工程量均以浙江省规范计算。

4. 余土外运工程量：V挖方－（V挖方－V埋入土内构件）×1.15

三、计价

1. 综合单价＝人工费＋材料费＋机械费＋企业管理费＋利润＋风险

2. 清单项综合单价各项费用＝定额项各项费用总和 / 清单工程量

例如：清单项人工费＝∑定额项人工费 × 定额项工程量 / 清单工程量

【任务 1】

如图 1-1 所示，根据题目给出的清单，按照 10 定额计算清单项目的综合单价与合价，情景假设：施工采用人工平整场地，企业管理费为定额人工费及定额机械费之和的 15%，利润为定额人工费及定额机械费之和的 10%，风险为定额人工费及定额机械费之和的 8%。

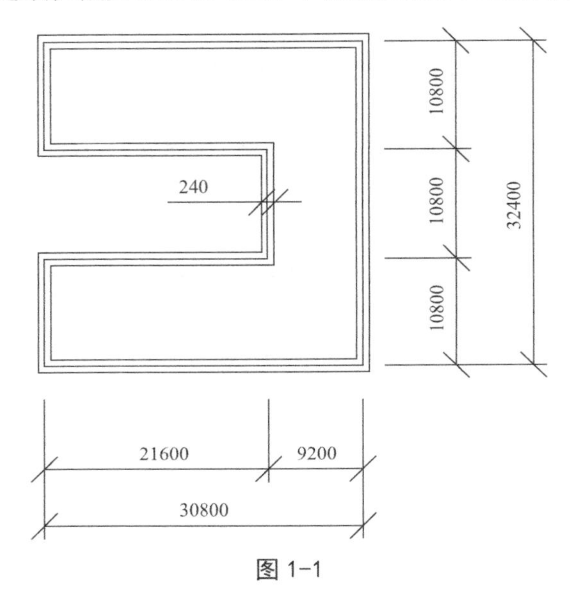

图 1-1

分部分项工程量清单

序号	项目编码	项目名称	项目特征	计量单位	工程量
1	010101001001	平整场地	二类土	m^2	785.05

平整场地定额工程量 S ＝__________________________________ m^2

分部分项工程量清单综合单价计价表

序号	编号	项目名称	单位	数量	综合单价（元）							合价（元）
					人工费	材料费	机械使用费	管理费	利润	风险费用	小计	
1	010101001001	平整场地	m^2	785.05								
		平整场地	m^2									

【任务 2】

如图 1-2 所示，根据题目给出的清单，按照 10 定额计算清单项目的综合单价与合价，情景假设：施工采用人工平整场地，企业管理费为定额人工费及定额机械费之和的 15%，利润为定额人工费及定额机械费之和的 12%，风险不考虑。

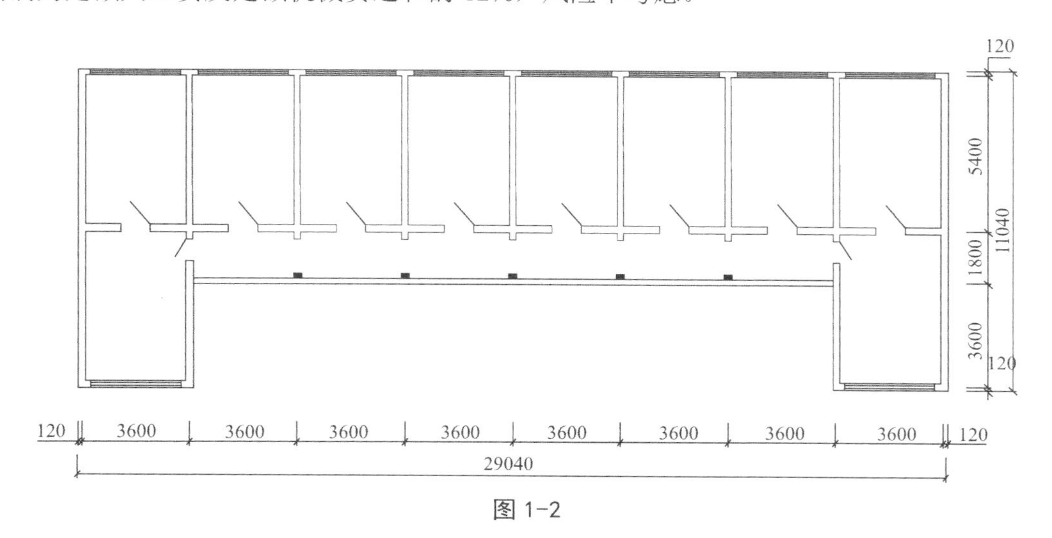

图 1-2

分部分项工程量清单

序号	项目编码	项目名称	项目特征	计量单位	工程量
1	010101001001	平整场地	一类土	m^2	243.71

平整场地定额工程量

S =____ m^2

分部分项工程量清单综合单价计价表

序号	编号	项目名称	单位	数量	综合单价（元）							合价（元）
					人工费	材料费	机械使用费	管理费	利润	风险费用	小计	
1	010101001001	平整场地	m^2	243.71								
		平整场地	m^2									

【任务 3】

情景假设：某房屋基础平面图和剖面图如图 1-3 所示，已知土类为三类土，人工开挖，地下常水位标高－0.6m，明排水，基础及垫层为混凝土，柱截面面积为 $0.55 \times 0.55m^2$。人工市场价 55 元 / 工日，企业管理费为人工费及机械费之和的 10%，利润为人工费及机械费之和的 12%，风险为人工费及机械费之和的 5%。埋入土内构件体积：垫层 $9.59m^3$（其中独立基础垫层 $0.32m^3$），独立基础 $1.5m^3$，条形基础 $30.5m^3$，人力车装土，自卸汽车运土 6km。根据给出的清单，按照 10 定额计算清单项目的综合单价与合价。

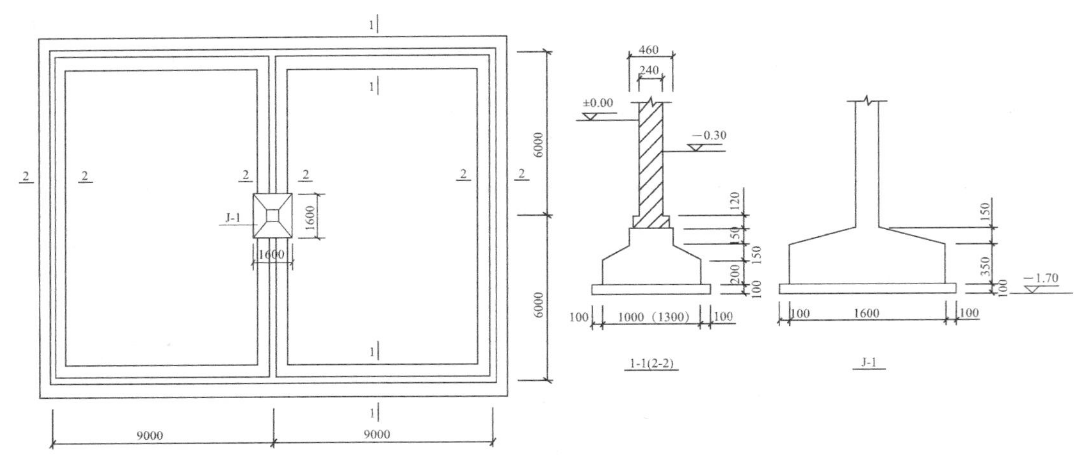

图 1-3

分部分项工程量清单

序号	项目编码	项目名称	项目特征	计量单位	工程量
1	010101003001	挖沟槽土方	挖 1-1、2-2 有梁式钢筋混凝土沟槽三类土方，基底垫层底宽度分别为 1.2m，1.5m，挖土深度 1.4 m，其中湿土 1.1m，明排水，人力车装土自卸汽车运土 6km	m^3	187.74
2	010101004001	挖基坑土方	挖 J-1 钢筋混凝土柱基三类土方，垫层底 1.8m×1.8m，挖土深度 1.4 m，其中湿土 1.1m，明排水，人力车装土自卸汽车运土 6km	m^3	8.06

步骤 1：计算 1-1 沟槽土方

长度=____________________m

$V_{总}$=____________________m^3

$V_{湿}$=____________________m^3

$V_{干}$=____________________m^3

步骤 2：计算 2-2 沟槽土方

长度=____________________m

$V_{总}$=____________________m^3

$V_{湿}$=____________________m^3

$V_{干}$=____________________m^3

步骤 3：计算 J-1 基坑土方

$V_{总}$=____________________m^3

$V_{湿}$=____________________m^3

$V_{干}$=____________________m^3

步骤 4：工程量小计

挖沟槽 $V_{干}$=______________m^3 $V_{湿}$=______________m^3

挖基坑 $V_{干}$=________________m³　　$V_{湿}$=________________m³

步骤 5：余土外运

沟槽：V=________________________________m³

基坑：V=________________________________m³

分部分项工程量清单综合单价计价表

序号	编号	项目名称	单位	数量	综合单价（元）							合价（元）
					人工费	材料费	机械使用费	管理费	利润	风险费用	小计	
1	010101003001	挖沟槽土方	m³	187.74								
		人工挖地槽三类干土	m³									
		人工挖地槽三类湿土	m³									
		人工装土	m³									
		自卸汽车运土	m³									
2	010101004001	挖基坑土方	m³	8.06								
		人工挖基坑三类干土	m³									
		人工挖基坑三类湿土	m³									
		人工装土	m³									
		自卸汽车运土	m³									

【任务 4】

情景假设：如图 1-4 所示，基底土质均匀，开挖土方类别为二类土，地下常水位标高为−1.1m，土方含水率为 30%，室外地坪设计标高−0.15m，交付施工的地坪标高为−0.3m，基础土方采用人工开挖，明排水，基坑槽回填夯实，余土人工装车自卸汽车外运 5km。根据给出的清单，按照 10 定额计算清单项目的综合单价和合价（假定当时当地一类人工市场价 50 元 / 工日；企业管理费为定额人工费与定额机械费之和的 15%，利润为定额人工费与定额机械费之和的 10%，不考虑风险）。假定埋入土内构件体积：$V_{1\text{-}1}=26.6\text{m}^3$，$V_{2\text{-}2}=6.2\text{m}^3$，$V_{\text{J-1}}=8.3\text{m}^3$

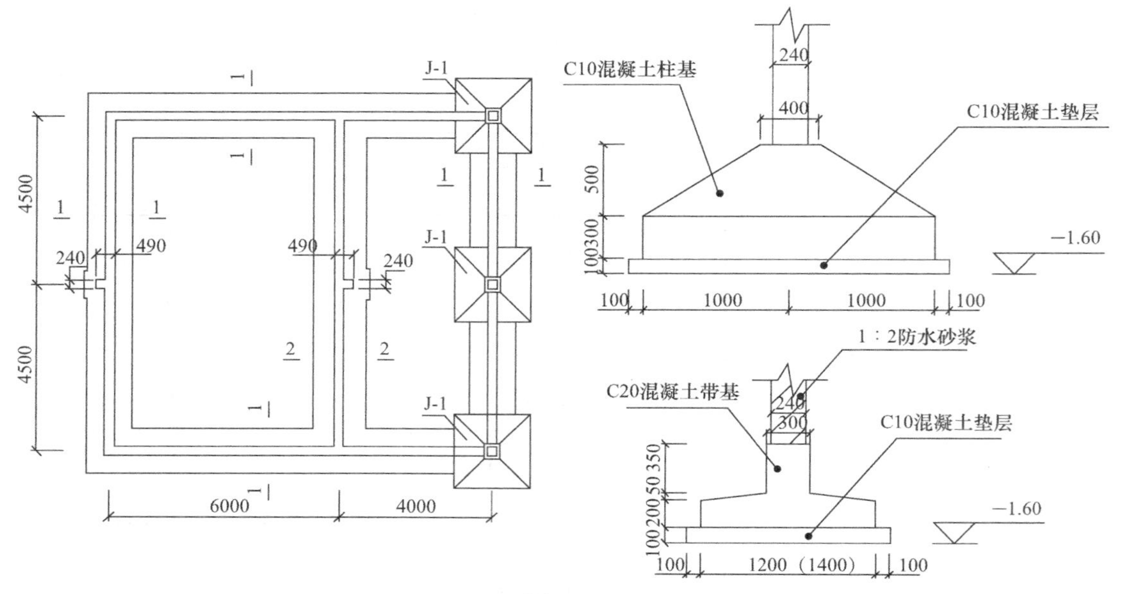

图 1-4

分部分项工程量清单

序号	项目编码	项目名称	项目特征	计量单位	工程量
1	010101003001	挖沟槽土方	有梁式钢筋混凝土基槽二类土，基底垫层宽度分别为 1.4m、1.6m，开挖深度 1.3m，湿土深度 0.5m，土方含水率 30%，弃土运距 5km	m^3	138.11
2	010101004001	挖基坑土方	钢筋混凝土柱基二类土，垫层底尺寸 2.2m×2.2m，挖土深度 1.3 m，其中湿土 0.5m，含水率 30%，余土弃运 5km	m^3	46.97

步骤 1：计算 1-1 沟槽土方

长度＝________________m

$V_{总}$＝________________m^3

$V_{湿}$＝________________m^3

$V_{干}$＝________________m^3

步骤 2：计算 2-2 沟槽土方

长度＝________________m

$V_{总}$＝________________m^3

$V_{湿}$＝________________m^3

$V_{干}$＝________________m^3

步骤 3：计算 J-1 基坑土方

$V_{总}$＝____m³
$V_{湿}$＝____m³
$V_{干}$＝____m³

步骤 4：工程量小计

挖沟槽 $V_{干}$＝________________m³　　$V_{湿}$＝________________m³
挖基坑 $V_{干}$＝________________m³　　$V_{湿}$＝________________m³

步骤 5：余土外运

沟槽：V＝____m³
基坑：V＝____m³

分部分项工程量清单综合单价计价表

序号	编号	项目名称	单位	数量	综合单价（元）							合价（元）
					人工费	材料费	机械使用费	管理费	利润	风险费用	小计	
1	010101003001	挖沟槽土方	m^3	138.11								
		人工挖地槽二类干土	m^3									
		人工挖地槽二类湿土	m^3									
		人工装土	m^3									
		自卸汽车运土 5km	m^3									
2	010101004001	挖基坑土方	m^3	46.97								
		人工挖基坑二类干土	m^3									
		人工挖基坑二类湿土	m^3									
		人工装土	m^3									
		自卸汽车运土 5km	m^3									

工作页2　桩与地基基础工程

内容摘要：

一、预制钢筋混凝土方（管）桩清单工程量可采用m、m^3、根计算，本书采用m计算。方桩按设计图示尺寸以桩长（包括桩尖）计算。管桩按设计图示尺寸以桩长（不包括桩尖）计算。

其计价中：

1. 打桩、压桩定额工程量按长度L计同桩清单工程量。

2. 送桩定额工程量按长度L计算，L＝自然地坪标高－设计桩顶标高＋0.5

3. 桩顶灌芯定额工程量按设计尺寸以灌注实体积计算。

二、泥浆护壁成孔灌注桩清单工程量可采用m、m^3、根计算，本书采用m计算（包括桩尖）。

其计价中：

1. 成孔定额工程量V＝（自然地坪标高－设计桩底标高）×S桩径横截面

2. 岩石增加费工程量V＝（入岩平均标高－设计桩底标高）×S桩径横截面

3. 灌注水下混凝土工程量V＝V成孔工程量－V空钻工程量

其中V空钻工程量＝（桩顶标高－自然地坪标高－加灌长度）×S桩径横截面；加灌长度按不同设计桩长确定：25m以内按0.5m，35m以内按0.8m，35m以上按1.2m。

4. 泥浆池建造拆除及泥浆运输定额工程量同成孔定额工程量

【任务1】

情景假设：某工程110根C60预应力钢筋混凝土管桩，外径$\Phi600$，内径$\Phi400$，每根桩总长25m，桩顶灌注C30混凝土1.5m高，桩顶钢筋重3300kg，$\Phi16$，圆钢Q235A，钢托板878kg，Q235钢板8mm厚，铁脚2$\Phi8$，长120mm。设计桩顶标高－3.5m，现场自然地坪标高为－0.45m，场内就位供桩，按题目给出的清单，计算预应力钢筋混凝土管桩的综合单价（投标方设定的方案：采用压桩机压桩。商品混凝土单价385元，管桩市场信息价为220元/m，其余人材机假设与定额取定价格相同，施工取费按企业管理费12%，利润8%，不考虑风险费用）。

分部分项工程量清单

序号	项目编码	项目名称	项目特征	计量单位	工程量
1	010301002001	预制钢筋混凝土管桩	C60预应力钢筋混凝土管桩，外径$\Phi600$，内径$\Phi400$，共110根，每根桩总长25m，桩顶灌注C30混凝土1.5m高，桩顶标高－3.5m，现场自然地坪标高为－0.45m	m	2750

续表

序号	项目编码	项目名称	项目特征	计量单位	工程量
2	010515004001	钢筋笼	Φ16，圆钢 Q235A	t	3.3
3	010516002002	预埋铁件	钢托板 878kg，Q235 钢板 8mm 厚，铁脚 2Φ8，长 120mm	t	0.878

步骤 1　压灌桩：L =______________________________m

步骤 2　送桩：L =______________________________m

步骤 3　桩顶灌芯：V =______________________________m^3

分部分项工程量清单综合单价计价表

序号	编号	项目名称	单位	数量	综合单价（元）							合价（元）
					人工费	材料费	机械使用费	管理费	利润	风险费用	小计	
1	010301002001	预制钢筋混凝土管桩	m	2750								
		压管桩	m									
		送桩	m									
		桩顶灌芯	m^3									
2	010515004001	钢筋笼	t	3.3								
		钢骨架	t									
3	010516002001	预埋铁件	t	0.878								
		钢托板	t									

【任务 2】

情景假设：某工程有直径 600mm 钻孔混凝土灌注柱 120 根。已知：自然地坪 −0.45m，桩顶标高 −4.8m，桩底标高 −49.8m，进入岩石层平均标高 −48.1m。根据给出的工程量清单，计算“成孔灌注桩”的综合单价（混凝土按商品水下混凝土考虑计价，385 元 /m^3，其余按照定额取定工料机价格计算，企业管理费按 10%，利润按 8%，不再考虑市场风险，施工方案确定采用转盘式钻孔桩机成孔，加灌长度 1.5m，桩孔空钻部分回填另列项计算）。

分部分项工程量清单

序号	项目编码	项目名称	项目特征	计量单位	工程量
1	010302001001	泥浆护壁成孔灌注桩	直径 600mm 钻孔混凝土灌注柱 120 根，自然地坪 −0.45m，桩顶标高 −4.8m，桩底标高 −49.8m，进入岩石层平均标高 −48.1m	m	5400

步骤 1　钻孔桩成孔：

$V=$ ______________________________ m^3

其中入岩：$V=$ ______________________________ m^3

步骤 2　商品水下混凝土灌注：

空钻部分：$V=$ ______________________________ m^3

成桩：$V=$ ______________________________ m^3

步骤 3　泥浆池建造、拆除和外运：

$V=$ ______________________________ m^3

分部分项工程量清单综合单价计价表

序号	编号	项目名称	单位	数量	综合单价（元）							合价（元）
					人工费	材料费	机械使用费	管理费	利润	风险费用	小计	
1	010302001001	泥浆护壁成孔灌注桩	m	5400								
		转盘式钻孔桩机成孔	m^3									
		岩石层增加费	m^3									
		钻孔桩灌注水下混凝土	m^3									
		泥浆池建造和拆除	m^3									
		泥浆运输	m^3									

【任务 3】

情景假设：某工程有直径 1200mm 钻孔混凝土灌注柱（非泵送水下商品混凝土 C30）36 根。已知：自然地坪−0.3m，桩顶标高−4.6m，桩底标高−29.00m，进入岩石层平均标高−26.5m，泥浆运输 12km，根据给出的工程量清单，计算“成孔灌注桩”的综合单价（按照 10 定额取定工料机价格计算，企业管理费按 12%，利润按 10%，不再考虑市场风险，施工方案确定采用旋挖桩机成孔，桩孔空钻部分回填另列项计算）。

分部分项工程量清单

序号	项目编码	项目名称	项目特征	计量单位	工程量
1	010302001001	泥浆护壁成孔灌注桩	直径 1200mm 钻孔混凝土灌注柱 36 根，自然地坪−0.3m，桩顶标高−4.6m，桩底标高−29.00m，进入岩石层平均标高−26.51m	m	878.4

步骤 1　成孔：

$V=$ ______________________________ m^3

其中入岩：

$V=$ ______ m^3

步骤 2　成桩：

$V=$ ______ m^3

步骤 3　泥浆池拆建：

$V=$ ______ m^3

泥浆运输：

$V=$ ______ m^3

分部分项工程量清单综合单价计价表

序号	编号	项目名称	单位	数量	综合单价（元）							合价（元）
					人工费	材料费	机械使用费	管理费	利润	风险费用	小计	
1	010302001001	泥浆护壁成孔灌注桩	m	878.4								
		旋挖桩机成孔	m^3									
		岩石层增加费	m^3									
		钻孔桩灌注水下混凝土	m^3									
		泥浆池建造和拆除	m^3									
		泥浆运输	m^3									

工作页3　砌筑工程

内容摘要：

一、砖基础与墙身分界线

1. 砖基础与墙身使用同一种材料时，以设计室内地坪为界；如果室内地坪有坡度差时（如影剧院、礼堂等）。

2. 砖基础与墙（柱）身使用不同材料时，交界处位置位于设计室内地坪 ±300mm 以内时，以不同材料分界，超过 ±300mm 时，仍以设计室内地坪为界。

3. 砖、石围墙，以设计室外地坪为分界线。

二、砖基础清单工程量的计算（同定额工程量计算规则）

1. 等高式：$V = L[Hd + n(n+1)ab] - V_{应扣}$

式中　H——基础高度（砖基础与墙身的分界线至基础底的垂直高度）；

d——基础墙厚；

n——大放脚层数；

a、b——每层放脚的高、宽（凸出部分），

注：标准砖基础：$a = 0.126$m　$b = 0.065$m（每层两皮砖）；

$V_{应扣}$——嵌入砖基础内的地梁（圈梁）、构造柱及单个面积大于 $0.3m^2$ 的空洞所占体积。

砖基础长度 L——
- 外墙砖基础按外墙中心线长度
- 内墙砖基础按内墙净长线计算
- 附墙垛按折加长度计算：$L_{折加}$＝突出墙的垛的面积 / 墙厚

2. 不等高式（间隔式）：$V = L\{Hd + \sum(a \times b) + \sum[(a/2) \times b]\} - V_{应扣}$

式中各字母表示含义同上。

砖基础防潮层，此项目无清单项，合并在砖基础清单中，以综合单价的形式体现其内容。

防潮层定额工程量的计算：按墙平面面积，以“m^2”计算

水平防潮层 S＝墙厚 * 长度　垂直防潮层 S＝防潮层高度 * 长度

注：长度同砖基础长度。

三、砖墙清单工程量的计算（同定额计算规则）

V＝（墙高 * 墙长－应扣面积）* 墙厚 －应扣体积＋应增加体积

其中：

墙长
- 外墙　按外墙中心线长度计算；
- 内墙　按内墙净长计算；
- 附墙垛　按折加长度合并计算；
- 框架墙　不分内、外墙均按净长计算。

【任务 1】

计算提供的砖砌基础工程量清单项目的综合单价。情景假设：计价人根据取定的工料机价格按照《浙江省建筑工程预算定额》取定价为准（未含市场风险）；企业管理费17%，利润 11%，经市场调查和计价方决策，不考虑市场风险幅度。

分部分项工程量清单

序号	项目编码	项目名称	项目特征	计量单位	工程量
1	010401001001	砖基础	1-1 剖面，M10 水泥砂浆砌筑（240×115×53）MU15 混凝土实心砖一砖条形基础，四层等高式大放脚；−0.06m 标高处 1 ：2 防水砂浆 20 厚防潮层（S = 5.07m^2）	m^3	9.42
2	010401001002	砖基础	2-2 剖面，M10 水泥砂浆砌筑（240×115×53）MU15 混凝土实心砖一砖条形基础，二层等高式大放脚；−0.06m 标高处 1 ：2 防水砂浆 20 厚防潮层（S = 3.31m^2）	m^3	4.63

分部分项工程量清单综合单价计价表

序号	编号	项目名称	单位	数量	综合单价（元）							合价（元）
					人工费	材料费	机械使用费	管理费	利润	风险费用	小计	
1	010401001001	砖基础	m^3	9.42								
		砌砖	m^3									
		防潮层	m^2									
2	010401001002	砖基础	m^3	4.63								
		砌砖	m^3									
		防潮层	m^2									

【任务 2】

如图 3-1 所示，计算提供的砖砌基础工程量清单项目的综合单价。情景假设：计价人根据取定的工料机价格按照《浙江省建筑工程预算定额》取定价为准（未含市场风险）；企业管理费 15%，利润 10%，经市场调查和计价方决策，不考虑市场风险幅度。

分部分项工程量清单

序号	项目编码	项目名称	项目特征	计量单位	工程量
1	010401001001	砖基础	三层等高式大放脚；−0.06m 标高处 1 ：2 防水砂浆 20 厚防潮层，蒸压砖基础	m^3	50.67

防潮层：

长度 $L_{外}$ = ______________________________ m

长度 $L_{内}$ = ______________________________ m

工程量 S = ______________________________ m^2

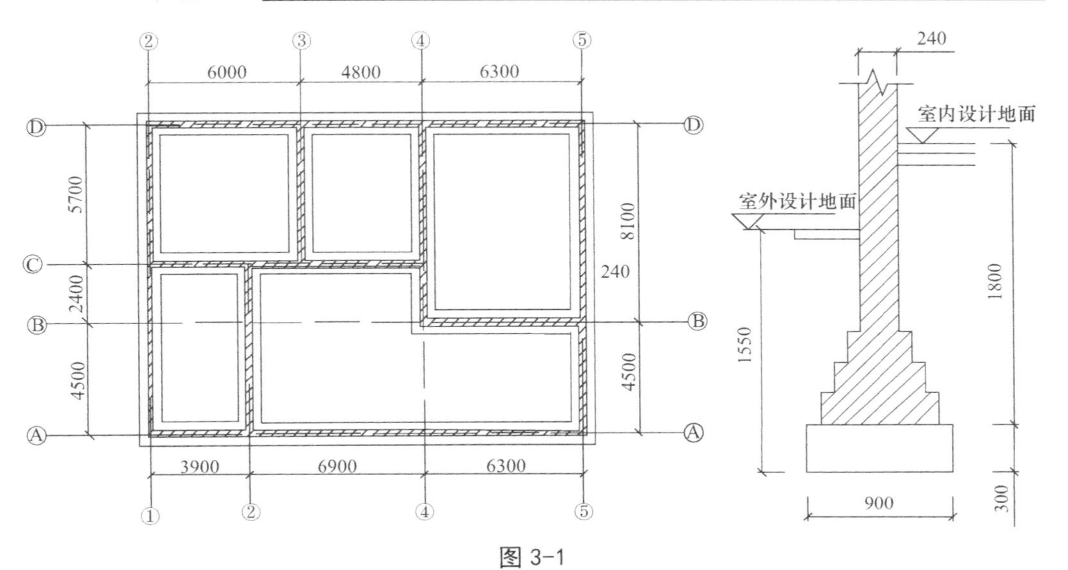

图 3-1

分部分项工程量清单综合单价计价表

序号	编号	项目名称	单位	数量	综合单价（元）							合价（元）
					人工费	材料费	机械使用费	管理费	利润	风险费用	小计	
1	010401001001	砖基础	m^3	50.67								
		蒸压砖基础	m^3									
		防潮层	m^2									

【任务 3】

如图 3-2 所示，计算提供的砖砌基础工程量清单项目的综合单价。情景假设：计价人根据取定的工料机价格按照《浙江省建筑工程预算定额》取定价为准（未含市场风险）；企业管理费 15%，利润 10%，经市场调查和计价方决策，不考虑市场风险幅度。

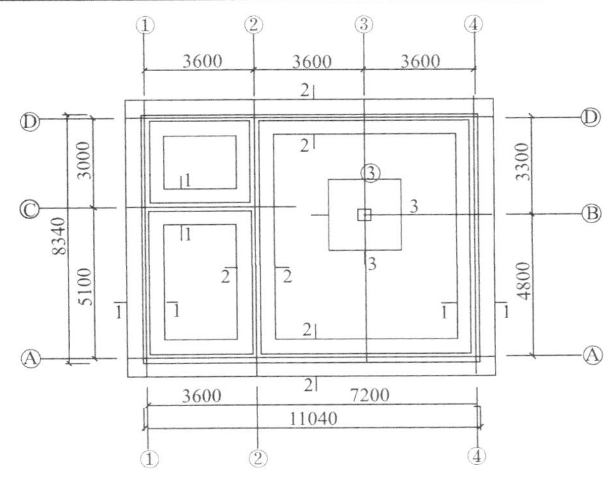

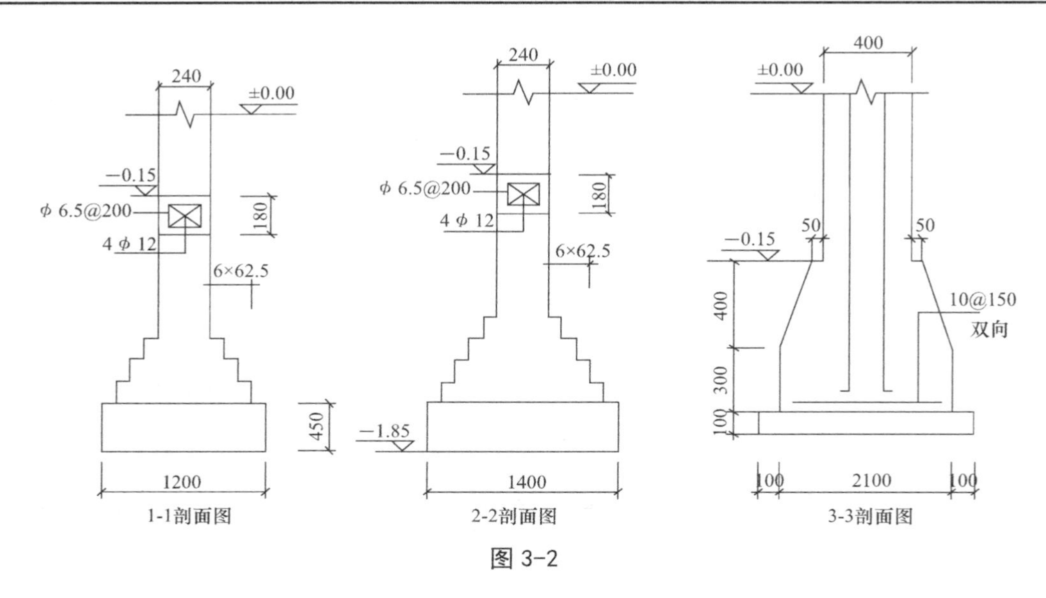

图 3-2

分部分项工程量清单

序号	项目编码	项目名称	项目特征	计量单位	工程量
1	010401001001	砖基础	1-1 剖面，条形烧结普通砖基础，三层等高式大放脚，7.576m³；2-2 剖面，条形烧结普通砖基础，四层等高式大放脚，13.266m³，均在−0.06m 标高处 1 ∶ 2 防水砂浆 20 厚防潮层	m³	20.84

防潮层:

$L_{1-1}=$______________________________m

$L_{2-2}=$______________________________m

工程量 $S=$______________________________m^2

分部分项工程量清单综合单价计价表

序号	编号	项目名称	单位	数量	综合单价（元）							合价（元）
					人工费	材料费	机械使用费	管理费	利润	风险费用	小计	
1	010401001001	砖基础	m³	20.84								
		烧结普通砖基础	m³									
		防潮层	m²									

【任务 4】

计算提供的实心砖墙工程量清单项目的综合单价。情景假设：混凝土实心砖按市场询价 350 元 / 千块，其余按照《浙江省建筑工程预算定额》取定价为准；企业管理费 17%，利润 11%，经市场调查和计价方决策，不考虑市场风险幅度。

分部分项工程量清单

序号	项目编码	项目名称	项目特征	计量单位	工程量
1	010401003001	实心砖外墙	MU10 混凝土实心砖，墙厚一砖，M7.5 混合砂浆砌筑	m^3	120

分部分项工程量清单综合单价计价表

序号	编号	项目名称	单位	数量	综合单价（元）							合价（元）
					人工费	材料费	机械使用费	管理费	利润	风险费用	小计	
1	010401003001	实心砖外墙	m^3	120								
		砌筑墙	m^3									

【任务 5】

计算提供的实心砖墙工程量清单项目的综合单价。情景假设：按照《浙江省建筑工程预算定额》取定价为准；企业管理费 10%，利润 8%，风险 5%。

分部分项工程量清单

序号	项目编码	项目名称	项目特征	计量单位	工程量
1	010401003001	实心砖墙	烧结类普通砖，墙厚 240mm	m^3	40.02

分部分项工程量清单综合单价计价表

序号	编号	项目名称	单位	数量	综合单价（元）							合价（元）
					人工费	材料费	机械使用费	管理费	利润	风险费用	小计	
1	010401003001	实心砖墙	m^3	40.02								
		砌筑墙	m^3									

工作页 4　混凝土及钢筋混凝土工程

内容摘要：

一、垫层清单工程量的计算（同定额规则）：按实铺体积以“m^3”计算。

计算公式：

V =垫层长度 × 垫层断面面积（条基下垫层）

=底面积 × 垫层厚度（独立基础、满堂基础下垫层）

其中：垫层长度计算方法同挖沟槽长度计算

垫层长度：
- 墙按外墙中心线 L 中
- 内墙按内墙垫层底的净长线
- 砖垛需折加长度 L 折加
- 柱网结构不分内外墙均按垫层底净长线

二、混凝土基础清单工程量的计算（同定额计算规则）

1. 带型基础：$V = S \times L + V_T$

式中　V——带型基础工程量（m^3）；

S——带型基础断面面积（m^2）；

L——带型基础长度（m）：

- 外墙基础长度：外墙中心线 L 中
- 内墙基础长度：内墙基底的净长线
- 柱网结构不分内外墙均按基底净长线
- 砖垛需折加长度 L 折加

注意：（1）基础长度与垫层长度（沟槽长度）的区别；

（2）基底净长线与垫层净长线的区别。

V_T——T 形接头的搭接部分体积。

2. 独立基础：$V = V_{长方体} + V_{四棱台}$

$V_{四棱台} = [A \times B + a \times b + (A + a)(B + b)] \times H/6$

式中　A、B——棱台底长和宽；

a、b——棱台顶长和宽；

H——棱台高。

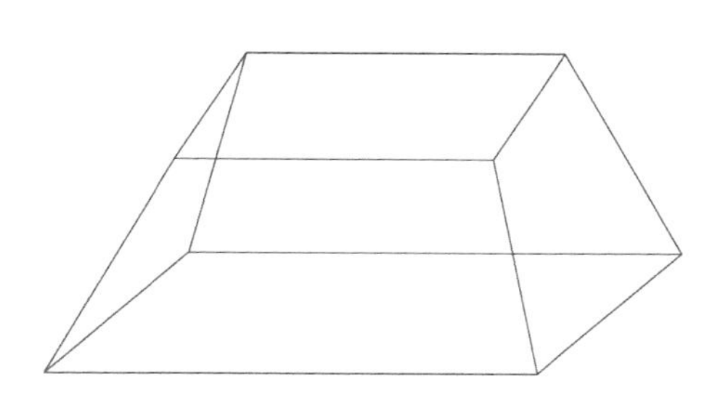

3. 柱

工程量计算：计量单位：m^3

V =柱截面积 * 柱高+ $V_{牛腿}$

其中：柱高的取定：

1）有梁板的柱高：自柱基顶面或楼板上表面

算至上一层楼板上表面。

2）无梁板的柱高：自柱基顶面或楼板上表面算至柱帽下表面。

3）框架柱的柱高：自柱基顶面算至柱顶面。

4）构造柱与墙咬接的马牙槎按柱高每侧 3cm，合并计算。

4. 梁

计算规则：按体积计算。

$$V = 梁高 \times 梁宽 \times 梁长$$

其中：（1）梁高 × 梁宽：见梁截面尺寸。

（2）梁长：梁与柱连接时，梁长算至柱侧面。主梁与次梁连接时，次梁长算至主梁侧面。主梁取全长，次梁取净长。

5. 板

1）有梁板：凡带有梁（包括主、次梁）的楼板，梁板体积合并计算。但为了方便计价，在清单列项时可以不再使用“有梁板”子目，而是梁、板分别计算，梁按梁列项，板按“平板”列项。

注意：密肋板及井字板梁板合并计算按有梁板列项。

密肋板：指梁中间距≤ 1m 的板；

井字板：指井字布置且梁中心线间围成面积≤ $5m^2$ 的板

2）无梁板：是指不带梁直接由柱支撑的板，无梁板体积按板与柱头（帽）的和计算。

3）钢筋混凝土板伸入墙砌体内的板头应并入板体积内计算。

4）钢筋混凝土板与钢筋混凝土墙交接时，板的工程量算至墙内侧 。

$V_{有梁板} = V_{板} + V_{梁} + V_{板垫} + V_{翻沿}$（净高 250mm 以内）

$V_{无梁板} = V_{板} + V_{柱帽} + V_{板垫} + V_{翻沿}$

$V_{平板} = V_{板} + V_{板垫} + V_{翻沿}$

注意：翻沿高度超过 250mm 按栏板列项。

6. 楼梯

混凝土按水平投影面积计算；$S = B \times L$

式中　B——楼梯宽度（见平面图尺寸）；

L——楼梯长度（见剖面图尺寸）。

其工程量包括休息平台、平台梁、楼梯段、楼梯与楼面板连接的梁，无梁连接时，算至最上一级踏步沿加 30cm 处。不扣除宽度小于 50cm 的楼梯井，伸入墙内部分不另行计算。

7. 阳台、雨篷、悬挑板

混凝土体积按设计图示尺寸以墙外部分体积计算。包括伸出墙外的牛腿和雨篷和反挑檐（净高 $H \leq 250$mm）。

注意：当反挑檐净高 $H > 250$mm 时，反挑檐体积可合并计入阳台、雨篷板工程量，但是必须在项目特征内予以描述；否则应按栏板单独列项。

三、模板（m^2）——措施费

1. 计算方法（两种）

1）按混凝土体积含模量计算（m^2/m^3）：经验值，合同或招标文件中会约定。

2）按模板与混凝土接触面积计算：默认。

2. 清单编制方法（两种）

1）模板不单独列项，在混凝土构件中包含模板工程内容，模板工程与混凝土工程项目一起组成混凝土项目的综合单价，即现浇混凝土工程项目的综合单价包含了模板的工程费用。

2）模板单独列项，在措施项目中编列现浇混凝土模板工程清单项目，单独组成综合单价，同时现浇混凝土项目中不再包含模板的工程费用。模板清单工程量按附录 S2 规则计算。

3. 应注意的问题

1）不采用支模施工的混凝土构件，不应计算模板。

2）计算规范未列砖模子目，按基础模板列项。

3）当现浇混凝土构件支模高度大于 3.6m 时，按支模高度（层高）不同进行描述并分别列项，或将支模超高工程量按不同超高（1m 为步距）单独以第五级编码列项。

4）悬挑阳台、雨篷如带梁及 250mm 以内的翻沿的，当支模高度超过 3.6m 时，工程量按规范计算规则计算，但应描述混凝土与模板接触面展开面积。

5）构件设有后浇带时，整体构件模板不扣除后浇带所占位置。

6）构件有外挑装饰线的，模板工程量不扣除装饰线所占位置，装饰线按本省计价规则省补列项。

【任务 1】

计算提供的混凝土基础及垫层工程量清单项目的综合单价。情景假设：按照《浙江省建筑工程预算定额》取定价为准；企业管理费 15%，利润 10%，风险 6%。

分部分项工程量清单

序号	项目编码	项目名称	项目特征	计量单位	工程量
1	010501002001	带形基础	1-1 条形基础，基底宽 1.2m，2-2 条形基础，基底宽 1m，混凝土均采用现浇现拌 C30（C40）	m^3	10.36
2	010501002001	垫层	1-1 垫层底宽 1.4m，2-2 垫层底宽 1.2m，混凝土均采用现浇现拌 C15（C40）	m^3	3.51

分部分项工程量清单综合单价计价表

序号	编号	项目名称	单位	数量	综合单价（元）							合价（元）
					人工费	材料费	机械使用费	管理费	利润	风险费用	小计	
1	010501002001	带形基础	m^3	10.36								
		现浇现拌 C30（40）混凝土基础	m^3									
2	010501002001	垫层	m^3	3.51								
		现浇现拌 C15（40）混凝土垫层	m^3									

【任务 2】

计算提供的分部分项及模板工程量清单项目的综合单价，情景假设：模板采用复合木模。按照《浙江省建筑工程预算定额》取定价为准；企业管理费 15%，利润 10%，风险 0。

分部分项工程量清单

序号	项目编码	项目名称	计量单位	工程数量
1	010502001001	矩形柱：C25 现浇现拌混凝土，截面 400×500	m^3	4.0
2	010503002001	矩形梁：C25 现浇现拌混凝土，梁高 0.6m 上	m^3	3.34
3	010505003001	平板：C25 现浇现拌混凝土，板厚 100	m^3	2.05

措施项目工程量清单

序号	项目编码	项目名称	计量单位	工程数量
1	011702002001	矩形柱，层高 5m	m^2	34.7
2	011702006001	矩形梁，层高 5m	m^2	29.34
3	011702016001	平板，层高 5m	m^2	20.38

分部分项工程量清单综合单价计价表

序号	编号	项目名称	单位	数量	综合单价（元）							合价（元）
					人工费	材料费	机械使用费	管理费	利润	风险费用	小计	
1	010502001001	矩形柱	m^3	4.0								
		矩形柱，C25 现浇现拌混凝土	m^3									
2	010503002001	矩形梁	m^3	3.34								
		连续梁，C25 现浇现拌混凝土	m^3									
3	010505003001	平板	m^3	2.05								
		C25 现浇现拌混凝土板，板厚 100	m^3									

模板工程量清单综合单价计价表

序号	编号	项目名称	单位	数量	综合单价（元）							合价（元）
					人工费	材料费	机械使用费	管理费	利润	风险费用	小计	
1	011702002001	矩形柱，层高 5m	m^2	34.7								
		矩形柱复合木模，层高 5m	m^2									
2	011702006001	矩形梁，层高 5m	m^2	29.34								
		矩形梁复合木模，层高 5	m^2									
3	011702016001	平板，层高 5m	m^2	20.38								
		平板复合木模，层高 5m	m^2									

【任务 3】

计算提供的混凝土雨篷及模板工程量清单项目的综合单价。情景假设：按照《浙江省建筑工程预算定额》取定价为准；企业管理费 15%，利润 8.5%，风险 0（假设采用泵送商品混凝土 C25，市场价 355 元 /m^2，模板采用复合木模）。

分部分项工程量清单

序号	项目编码	项目名称	项目特征	计量单位	工程量
1	010505008001	雨篷、悬挑板、阳台板	C25 混凝土浇捣雨篷，梁、板体积 1.66m^3，翻沿体积 0.35m^3，翻沿净高 600mm（从板面算起）	m^3	2.01

措施项目工程量清单

序号	项目编码	项目名称	项目特征	计量单位	工程量
1	011702023001	雨篷、悬挑板、阳台板	悬挑雨篷模板，支模高度 5.15m；梁、板模板接触面积 16.88m^2，超 250mm 翻檐模板接触面积 11.69m^2	m^3	10.92

分部分项工程量清单综合单价计价表

序号	编号	项目名称	单位	数量	综合单价（元）							合价（元）
					人工费	材料费	机械使用费	管理费	利润	风险费用	小计	
1	010505008001	雨篷、悬挑板、阳台板	m^3	2.01								
		C25 泵送混凝土雨篷浇捣	m^3									
		C25 泵送混凝土雨篷翻檐浇捣	m^3									

模板工程量清单综合单价计价表

序号	编号	项目名称	单位	数量	综合单价（元）							合价（元）
					人工费	材料费	机械使用费	管理费	利润	风险费用	小计	
1	011702023001	现浇雨篷模板	m^2	10.92								
		雨篷模板	m^2									
		雨篷板支模高度 5.15m，超高 1.55m 增加费	m^2									
		现浇混凝土雨篷翻檐模板，翻檐高度 600mm	m^2									

【任务 4】

如图 4-1 所示，计算提供的混凝土雨篷及模板工程量清单项目的综合单价。情景假设：按照《浙江省建筑工程预算定额》取定价为准；企业管理费 15%，利润 10%，风险 2%（假设采用现浇现拌混凝土 C25，模板采用复合木模，雨篷下平台地面标高 0.3）。

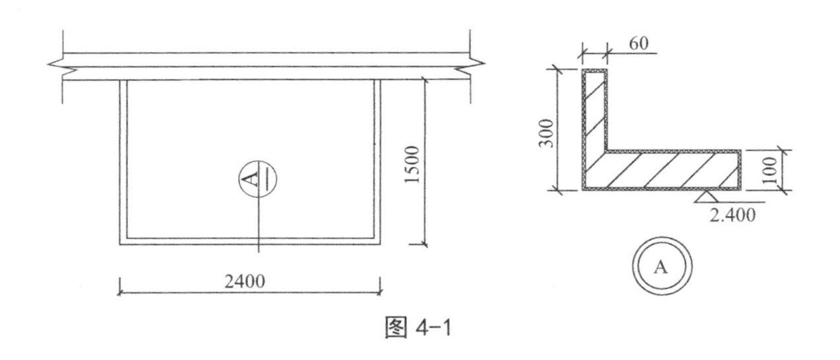

图 4-1

分部分项工程量清单

序号	项目编码	项目名称	项目特征	计量单位	工程量
1	010505008001	雨篷、悬挑板、阳台板	悬挑雨篷，C25 现浇现拌混凝土	m^3	0.42

措施项目工程量清单

序号	项目编码	项目名称	项目特征	计量单位	工程量
1	011702023001	雨篷、悬挑板、阳台板	悬挑雨篷模板，复合木模	m^2	3.6

分部分项工程量清单综合单价计价表

序号	编号	项目名称	单位	数量	综合单价（元）							合价（元）
					人工费	材料费	机械使用费	管理费	利润	风险费用	小计	
1	010505008001	雨篷板	m^3	0.42								
		C25 现浇现拌混凝土雨篷	m^3									

模板工程量清单综合单价计价表

序号	编号	项目名称	单位	数量	综合单价（元）							合价（元）
					人工费	材料费	机械使用费	管理费	利润	风险费用	小计	
1	011702023001	雨篷、悬挑板、阳台板	m^3	3.6								
		全悬挑雨篷	m^3									

【任务 5】

情景假设：如果将图 4-1 中翻檐高（包括板厚）300mm 改为 700mm，雨篷板底标高改为 5.6m，其余条件同上，编制雨篷及其模板的工程量清单，并计算清单项目的综合单价。

步骤 1：混凝土：

1）雨篷板：$V=$____________________ m^3

2）翻檐：$V=$____________________ m^3

合计：$V=$____________________ m^3

步骤 2：模板：$S=$____________________ m^2

板：$S=$____________________ m^2

翻檐：$S=$____________________ m^2

分部分项工程量清单

序号	项目编码	项目名称	项目特征	计量单位	工程量
		雨篷、悬挑板、阳台板			

措施项目工程量清单

序号	项目编码	项目名称	项目特征	计量单位	工程量
		雨篷、悬挑板、阳台板			

分部分项工程量清单综合单价计价表

序号	编号	项目名称	单位	数量	综合单价（元）							合价（元）
					人工费	材料费	机械使用费	管理费	利润	风险费用	小计	
1		雨篷、悬挑板、阳台板	m^3									
		C25现浇现拌混凝土雨篷	m^3									
		C25现浇现拌混凝土栏板、翻檐	m^3									

模板工程量清单综合单价计价表

序号	编号	项目名称	单位	数量	综合单价（元）							合价（元）
					人工费	材料费	机械使用费	管理费	利润	风险费用	小计	
1		雨篷、悬挑板、阳台板	m^2									
		悬挑阳台、雨篷	m^2									
		板支模高度5.4m，超高1.8m增加费	m^2									
		现浇混凝土雨篷翻檐模板，翻檐高600mm	m^2									

【任务 6】

计算提供的楼梯工程量清单项目的综合单价。情景假设：按照《浙江省建筑工程预算定额》取定价为准；企业管理费 10%，利润 5%，风险 0。

分部分项工程量清单

序号	项目编码	项目名称	计量单位	工程数量
1	010506001001	直形楼梯：C25 钢筋混凝土，底板厚 200mm	m^2	75.78

分部分项工程量清单综合单价计价表

序号	编号	项目名称	单位	数量	综合单价（元）							合价（元）
					人工费	材料费	机械使用费	管理费	利润	风险费用	小计	
1	010506001001	直形楼梯：C25 钢筋混凝土，底板厚 200mm	m^2	75.78								
		直形楼梯：C25 钢筋混凝土，底板厚 200mm	m^2									

人工费：________________________________元 /m^2

材料费：________________________________元 /m^2

机械费：________________________________元 /m^2

【任务 7】

计算提供的钢筋工程量清单项目的综合单价。情景假设：按照《浙江省建筑工程预算定额》取定价为准；企业管理费 15%，利润 8%，风险 0。

分部分项工程量清单

序号	项目编码	项目名称	计量单位	工程数量
1	010515001001	现浇混凝土钢筋圆钢	t	0.062
2	010515001002	现浇混凝土钢筋螺纹钢	t	0.343

分部分项工程量清单综合单价计价表

序号	编号	项目名称	单位	数量	综合单价（元）							合价（元）
					人工费	材料费	机械使用费	管理费	利润	风险费用	小计	
1	010515001001	现浇混凝土钢筋圆钢	t	0.062								

续表

序号	编号	项目名称	单位	数量	综合单价（元）							合价（元）
					人工费	材料费	机械使用费	管理费	利润	风险费用	小计	
		现浇混凝土钢筋圆钢	t									
2	010515001002	现浇混凝土钢筋螺纹钢	t	0.343								
		现浇混凝土钢筋螺纹钢	t									

工作页5　屋面工程

内容摘要:

1. 瓦（010901001）、型材屋面（010901002）

瓦屋面，型材屋面按设计图示尺寸以斜面积计算。亦可均按设计图示尺寸的水平投影面积乘以屋面坡度系数（延尺系数），以平方米计算。不扣除房上烟囱、风帽底座、风道、屋面小气窗、斜沟和脊瓦等所占面积，屋面小气窗的出檐部分也不增加。

2. 膜结构屋面（010901005）—加强型 PVC 膜布做成的屋面

按设计图示尺寸以需要覆盖的水平面积计算。

3. 屋面防水

（1）屋面卷材防水（010902001）

（2）屋面涂膜防水（010902002）

按设计图示尺寸以面积计算

1）斜屋顶（不包括平屋顶找坡）按斜面积计算，平屋顶按水平投影面积计算。

2）不扣除房上烟囱、风帽底座、风道、屋面小气窗和斜沟所占面积。

3）屋面的女儿墙、伸缩缝和天窗等处的弯起部分，并入屋面工程量内。

（3）屋面刚性防水（010902003）

按设计图示尺寸以面积计算。不扣除房上烟囱、风帽底座、风道等所占面积。

4. 屋面排水管（010902004）

按设计图示尺寸以长度计算。如设计未标注尺寸，以檐口至设计室外散水上表面垂直距离计算。

5. 屋面天沟、檐沟（010902005）

按设计图示尺寸以展开面积计算。

注意:

1. 屋面找平层按楼地面装饰工程“平面砂浆找平层”项目编码列项;

2. 屋面防水搭接及附加层用量不另行计算，在综合单价中考虑;

3. 屋面保温找坡层按保温、隔热、防腐工程“保温隔热屋面”项目编码列项。

【任务1】

计算提供的瓦屋面清单的综合单价及合价。情景假设：按照《浙江省建筑工程预算定额》（2010版）取定价为准；企业管理费20%，利润10%，风险0。

分部分项工程量清单

序号	项目编码	项目名称	项目特征	计量单位	工程量
1	010901001001	瓦屋面	屋面坡度为 $B/2A$ = 1/4、420×330彩色水泥瓦屋面，屋脊配套彩色水泥脊瓦，屋脊长31.58m	m^2	408.85

分部分项工程量清单综合单价计价表

序号	编号	项目名称	单位	数量	综合单价（元）							合价（元）
					人工费	材料费	机械使用费	管理费	利润	风险费用	小计	
1	010901001001	瓦屋面	m^2	408.85								
		木结构屋面木基层上铺盖彩色水泥瓦	m^3									
		彩色水泥瓦屋脊	m									

【任务2】

计算提供的分部分项工程清单的综合单价及合价。情景假设：按照《浙江省建筑工程预算定额》（2010版）取定价为准；企业管理费20%，利润10%，风险0。

分部分项工程量清单

序号	项目编码	项目名称	项目特征	计量单位	工程量
1	010902002001	屋面涂膜防水	平屋面：水泥砂浆基层上涂刷2厚JS防水涂料	m^2	207.26
2	010902003001	屋面刚性基层	平屋面：涂膜防水层上浇筑40厚C20现浇细石混凝土并随捣随抹	m^2	207.26

分部分项工程量清单综合单价计价表

序号	编号	项目名称	单位	数量	综合单价（元）							合价（元）
					人工费	材料费	机械使用费	管理费	利润	风险费用	小计	
1	010902002001	屋面涂膜防水	m^2	207.26								
		2厚JS防水涂料	m^2									
2	010902003001	屋面刚性基层	m^2	207.26								
		40厚C20现浇细石混凝土屋面防水层	m^2									

【任务 3】

计算提供的分部分项工程清单的综合单价及合价。情景假设：按照《浙江省建筑工程预算定额》取定价为准；企业管理费 20%，利润 10%，风险 0。

分部分项工程量清单

序号	项目编码	项目名称	计量单位	工程数量
1	010902003001	屋面刚性层：C25 现浇现拌混凝土 40mm 厚防水层	m^2	193.80
2	011001001001	保温隔热屋面：CL7.5 炉渣混凝土找坡（平均厚度 50mm）	m^2	191.53
3	011003001001	隔离层：沥青胶泥隔离层	m^2	191.53
4	011101006001	平面砂浆找平层：1 ∶ 3 水泥砂浆找平 15mm 厚	m^2	191.53

分部分项工程量清单综合单价计价表

序号	编号	项目名称	单位	数量	综合单价（元）							合价（元）
					人工费	材料费	机械使用费	管理费	利润	风险费用	小计	
1	010902003001	屋面刚性层	m^2	193.80								
		C25 现浇现拌混凝土 40mm 厚屋面刚性防水层	m^2									
2	011001001001	保温隔热屋面	m^2	191.53								
		保温隔热屋面：CL7.5 炉渣混凝土（平均厚度 50mm）	m^3									
3	011003001001	隔离层	m^2	191.53								
		沥青胶泥隔离层	m^2									
4	011101006001	平面砂浆找平层	m^2	191.53								
		1 ∶ 3 水泥砂浆找平 15mm 厚	m^2									

【任务 4】

计算提供的分部分项工程清单的综合单价及合价。情景假设：按照《浙江省建筑工程预算定额》取定价为准；企业管理费 15%，利润 10%，风险 0。

分部分项工程量清单

序号	项目编码	项目名称	计量单位	工程数量
1	010902001001	屋面卷材防水：SBS 改性沥青卷材满铺一层	m^2	452.81
2	011001001001	保温隔热屋面：8mm 厚水泥现浇水泥珍珠岩保温层	m^2	428.55
3	011001001002	保温隔热屋面：加气混凝土块厚 60mm	m^2	428.55
4	011003001001	隔离层：刷冷底子油两边，沥青胶泥玻璃布隔离层一遍	m^2	428.55
5	011101006001	平面砂浆找平层：1 ：3 水泥砂浆找平 20mm 厚，共两层	m^2	857.1

分部分项工程量清单综合单价计价表

序号	编号	项目名称	单位	数量	综合单价（元）							合价（元）
					人工费	材料费	机械使用费	管理费	利润	风险费用	小计	
1	010902001001	屋面卷材防水	m^2	452.81								
		SBS 改性沥青卷材满铺一层	m^2									
2	011001001001	保温隔热屋面	m^2	428.55								
		8mm 厚现浇水泥珍珠岩保温层	m^3									
3	011001001002	保温隔热屋面	m^2	428.55								
		预制加气混凝土块厚 60mm	m^3									
4	011003001001	隔离层	m^2	428.55								
		刷冷底子油两边，沥青胶泥玻璃布隔离层一遍	m^2									

续表

序号	编号	项目名称	单位	数量	综合单价（元）							合价（元）
					人工费	材料费	机械使用费	管理费	利润	风险费用	小计	
5	011101006001	平面砂浆找平层	m^2	857.1								
		1 ∶ 3 水泥砂浆找平 20mm 厚	m^2									

【任务 5】

计算提供的分部分项工程清单的综合单价及合价。情景假设：按照《浙江省建筑工程预算定额》取定价为准；企业管理费 15%，利润 10%，风险 0。

分部分项工程量清单

序号	项目编码	项目名称	计量单位	工程数量
1	010901001001	瓦屋面，20 厚 1 ∶ 3 水泥砂浆找平层，干铺油毡一层，杉木顺水条、挂瓦条木基层，四周设收口滴水瓦，面水泥钢钉挂盖水泥彩瓦，彩瓦屋脊（正脊 14m、斜脊 39.89m）	m^2	410.72
2	011101006001	平面砂浆找平层: 20 厚 1 ∶ 3 水泥砂浆找平 20mm 厚	m^2	410.72

分部分项工程量清单综合单价计价表

序号	编号	项目名称	单位	数量	综合单价（元）							合价（元）
					人工费	材料费	机械使用费	管理费	利润	风险费用	小计	
1	010901001001	瓦屋面	m^2	410.72								
		杉木条屋面基层上铺彩色水泥瓦	m^2									
		干铺油毡一层	m^2									
		彩色水泥瓦屋脊	m									

续表

序号	编号	项目名称	单位	数量	综合单价（元）							合价（元）
					人工费	材料费	机械使用费	管理费	利润	风险费用	小计	
2	011101006001	平面砂浆找平层	m^2	410.72								
		20厚1 ： 3水泥砂浆找平层	m^2									

工作页 6　楼地面工程

内容摘要：

一、楼地面面层

1. 整体面层：

按照设计图示尺寸以“面积”计算（不扣除不增加没按实际面积算）。

扣除：凸出地面构筑物、设备基础、室内铁道、地沟等所占面积。

不扣除：间壁墙和 0.3m^2 以内的柱、垛、附墙烟囱及孔洞面积。

不增加：门洞、空圈、暖气包槽、壁龛的开口部分面积。

2. 块料及其他面层：

按实铺面积计算（该扣的扣除，该增加的增加）。

门洞、空圈、暖气包槽、壁龛的开口部分并入相应的工程量内。

二、踢脚线

部分块料与整体材料，均按实铺面积计算，应扣除门洞及空圈的长度，应增加门洞、空圈和垛的侧壁，应考虑阴阳角铺贴砂浆与块料引起的厚度增减问题。

S = [（墙净长－门洞口宽度＋侧壁）＋（阳角个数－阴角个数）× 砂浆及地砖面层总厚度]× 高度

三、楼梯

不分整体与块料等材料，均按楼梯水平投影面积计算。计算方法同楼梯混凝土工程量计算规则。

四、台阶（注意台阶清单计算规则和定额计算规则的区别）

1. 清单规则：不分面层材料，均按设计图示尺寸以台阶（包括最上层踏步边沿加 300mm）水平投影面积计算，不考虑踢脚垂直面积。

2. 定额规则：块料面层与整体面层台阶计算规则有区别的。块料面层台阶按设计图示尺寸以展开面积（水平面积＋踢脚垂直面积）计算；整体面层台阶按水平投影面积计算（同清单规则）。如与平台相连时，平台面积在 10m^2 以内时按台阶计算，平台面积在 10m^2 以上时，台阶算至最上层踏步边沿加 300mm，平台按楼梯面工程计算并列项。

【任务 1】

计算提供的楼地面工程清单的综合单价及合价。情景假设：按照《浙江省建筑工程预算定额》取定价为准；企业管理费 15%，利润 10%，风险 0。

分部分项工程量清单

序号	项目编码	项目名称	项目特征	计量单位	工程量
1	011102003001	块料楼地面	1 ∶ 3 水泥砂浆 20mm 厚找平层 41.29m^2，1 ∶ 2.5 水泥砂浆 20mm 密缝铺贴 600×600 米色地砖面层	m^2	41.75
2	011105003001	块料踢脚线	踢脚线高 150mm，1 ∶ 2 水泥砂浆 15mm 铺贴，米色地砖 600×150	m^2	5.81

分部分项工程量清单综合单价计价表

序号	编号	项目名称	单位	数量	综合单价（元）							合价（元）
					人工费	材料费	机械使用费	管理费	利润	风险费用	小计	
1	011102003001	块料楼地面	m^3	41.75								
		地砖楼地面 2400 以内 1 ∶ 2.5 水泥砂浆铺贴	m^3									
		1 ∶ 3 水泥砂浆找平层	m^3									
2	011105003001	块料踢脚线	m^2	5.81								
		地砖踢脚线	m^2									

【任务 2】

计算提供的楼地面工程清单的综合单价及合价。情景假设：按照《浙江省建筑工程预算定额》取定价为准；企业管理费 18%，利润 10%，风险 5%。

分部分项清单工程量

序号	项目编码	项目名称	项目特征	计量单位	工程量
1	011102003001	块料楼地面	地面采用 300×300×6 彩釉砖，其中找平层 72m^2	m^2	72.12
2	011105003001	块料踢脚线	踢脚采用同品质地 300mm×120mm，1 ∶ 3 水泥砂浆 15mm 粘贴，高 120mm	m^2	5.6

分部分项工程量清单综合单价计价表

序号	编号	项目名称	单位	数量	综合单价（元）							合价（元）
					人工费	材料费	机械使用费	管理费	利润	风险费用	小计	
1	011102003001	块料楼地面	m^2	72.12								
		地砖楼地面	m^2									

续表

序号	编号	项目名称	单位	数量	综合单价（元）							合价（元）
					人工费	材料费	机械使用费	管理费	利润	风险费用	小计	
1	011102003001	水泥砂浆找平层	m^2									
2	011105003001	块料踢脚线	m^2	5.6								
		地砖踢脚线，1 ∶ 3 水泥砂浆 15mm 粘贴	m^2									

【任务 3】

如图 6-1 所示，计算提供的台阶工程清单的综合单价及合价。情景假设：每级踏步高 300mm，按照《浙江省建筑工程预算定额》取定价为准；企业管理费 15%，利润 10%，风险 0。

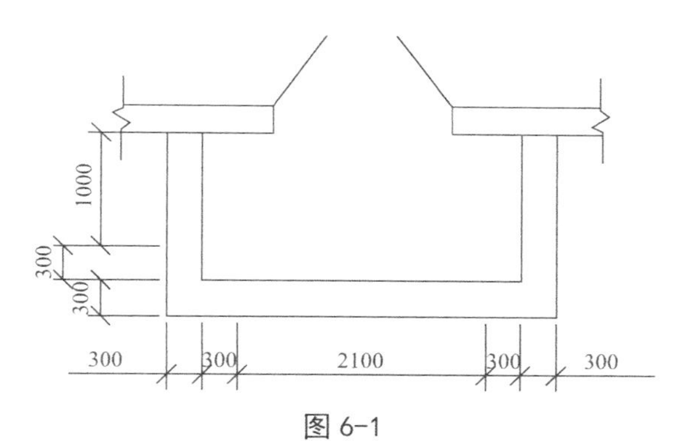

图 6-1

分部分项清单工程量

序号	项目编码	项目名称	项目特征	计量单位	工程量
1	011107005001	现浇水磨石台阶	现浇彩色水磨石面层，1 ∶ 3 水泥砂浆 20mm 厚找平层	m^2	3.18

分部分项工程量清单综合单价计价表

序号	编号	项目名称	单位	数量	综合单价（元）							合价（元）
					人工费	材料费	机械使用费	管理费	利润	风险费用	小计	
1	011107005001	现浇水磨石台阶	m^2	3.18								

续表

序号	编号	项目名称	单位	数量	综合单价（元）							合价（元）
					人工费	材料费	机械使用费	管理费	利润	风险费用	小计	
1	011107005001	水泥砂浆找平层	m^2									
		现浇彩色水磨石台阶面	m^2									

【任务4】

如图6-2所示，计算提供的台阶工程清单的综合单价及合价。情景假设：按照《浙江省建筑工程预算定额》取定价为准；企业管理费15%，利润10%，风险0。

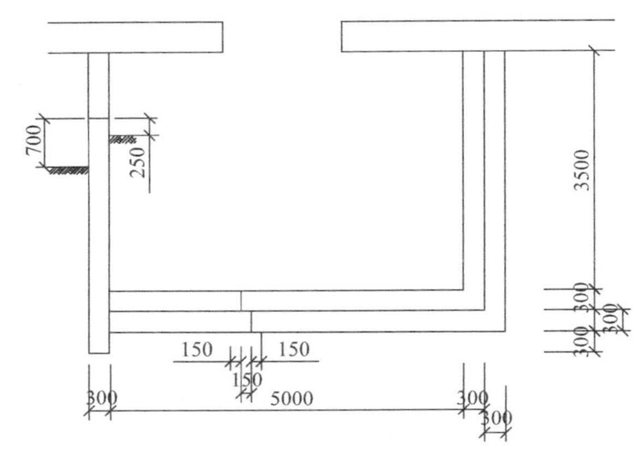

图6-2

分部分项清单工程量

序号	项目编码	项目名称	项目特征	计量单位	工程量
1	011102001001	石材楼地面	大理石面层，30厚混凝土基层	m^2	15.04
2	011107001001	石材台阶面	台阶宽300，高150，30厚混凝土基层，大理石面层	m^2	7.92

分部分项工程量清单综合单价计价表

序号	编号	项目名称	单位	数量	综合单价（元）							合价（元）
					人工费	材料费	机械使用费	管理费	利润	风险费用	小计	
1	011102001001	石材楼地面	m^2	15.04								
		30厚细石混凝土楼地面	m^2									

续表

序号	编号	项目名称	单位	数量	综合单价（元）							合价（元）
					人工费	材料费	机械使用费	管理费	利润	风险费用	小计	
1	011102001001	大理石楼地面	m^2									
2	011107001001	石材台阶面	m^2	7.92								
		30 厚细石混凝土楼地面	m^2									
		大理石台阶面	m^2									

大理石台阶面定额工程量 S =______________________________m^2

【任务 5】

计算提供的楼梯工程清单的综合单价及合价。情景假设：按照《浙江省建筑工程预算定额》取定价为准；企业管理费 15%，利润 10%，风险 0。

分部分项清单工程量

序号	项目编码	项目名称	项目特征	计量单位	工程量
1	011106005001	现浇水磨石楼梯面层	1 ∶ 2 普通白水泥白石子浆水磨石面层，酸洗打蜡；防滑条采用嵌入式 L5×50 铜板条共 110 根，每根长度 1.2m	m^2	75.78
2	011503002001	硬木扶手	硬木扶手圆钢栏杆，采用整体硬木弯头，每米钢栏杆（净用料）为圆钢 10kg、4×30 扁铁 6kg，扶手为聚酯混漆磨退五遍，钢栏杆为红丹防锈漆一遍、银粉漆二遍	m	40.02
3	011403001001	木扶手油漆	扶手为聚酯混漆磨退五遍，钢栏杆为红丹防锈漆一遍、银粉漆二遍，每米钢栏杆（净用料）为圆钢 10kg、4×30 扁铁 6kg	m	40.02

分部分项工程量清单综合单价计价表

序号	编号	项目名称	单位	数量	综合单价（元）							合价（元）
					人工费	材料费	机械使用费	管理费	利润	风险费用	小计	
1	011106005001	现浇水磨石楼梯面层	m^3	75.78								
		1 ∶ 2 白水泥白石子浆水磨石面层	m^3									

续表

序号	编号	项目名称	单位	数量	综合单价（元）							合价（元）
					人工费	材料费	机械使用费	管理费	利润	风险费用	小计	
1	011106005001	防滑条采用嵌入式L5×50铜板条	m									
2	011503002001	硬木扶手	m	40.02								
		硬木扶手圆钢栏杆	m									
3	011403001001	木扶手油漆	m	40.02								
		扶手为聚酯混漆磨退五遍	m									
		钢栏杆为红丹防锈漆一遍	t									

钢栏杆油漆定额工程量:____t

工作页 7 墙柱面工程

内容摘要：

一、墙面：根据墙面的材料做法的不同，墙面面层的计算规则也是不同的。

1. 抹灰类：包括一般抹灰和装饰抹灰（石灰砂浆、水泥砂浆、聚合物水泥砂浆、麻刀石灰浆、石膏灰浆和水刷石、斩假石、干粘石、假面砖）。

按照设计图示尺寸以“面积”计算（不按实计算）。

扣除：墙裙、门窗洞、$0.3m^2$ 以上洞口；

不扣除：踢脚线、挂镜线、墙与构件的交界处；

不增加：洞口侧壁及顶面面积；

应合并：附墙柱、垛、烟囱等侧壁面积；

2. 块料面层（石材、块料等）按实计算实铺面积。需要考虑镶贴块料的厚度及粘结层和墙面抹底灰的厚度问题。

3. 计算步骤如下：

（1）抹灰类：①计算墙面面积：S ＝墙长 × 墙高（分外墙装修和内墙装修有区别，外墙面按墙外边线计，内墙面按净长计；有附墙垛将侧壁长度折加进去；墙高：外墙面按室外地面开始计，内墙按净高）；②扣门窗洞口面积：S ＝门窗洞口长 × 宽。

（2）块料类:①计算墙面面积：S＝墙长 × 墙高（同上抹灰类第 1 步）;②加阳角减阴角：（阳角个数－阴角个数）×2× 厚度（包括块料厚度＋粘结层厚度＋抹底灰厚度，以下简称厚度）× 墙高；③扣门窗洞口面积：窗 S ＝窗宽’× 窗高’＝（窗宽－2 厚度）×（窗高－2 厚度）；门 S ＝门宽’× 门高’＝（门宽－2 厚度）×（门高－厚度）；④加门窗洞口侧壁面积：窗 S ＝（侧壁宽＋厚度）×（窗宽’＋窗高’）×2 ；门 S ＝（侧壁宽＋厚度）×（窗宽’＋窗高’×2）。其中：侧壁宽要根据门窗框的摆放位置，框厚及墙厚来计算。

例如：墙厚 240mm，框厚 90mm，框居墙中安装，侧壁宽＝（0.24 － 0.09）/2，框居墙外侧安装，外墙面无侧壁面积增加，内墙面侧壁宽＝ 0.24－0.09，框居墙内侧安装，内墙面无侧壁面积增加，外墙面侧壁宽＝ 0.24 －0.09。

二、柱面

柱面：柱面面层也分抹灰类和块料类。

1. 抹灰类：S ＝柱断面周长 × 柱高；

2. 块料类：S ＝（柱断面周长＋阳角个数 ×2× 厚度）× 柱高，注意柱帽表面积的计算，以四棱台柱帽为例：S ＝（上底边长＋下底边长）/2× 斜高，其中斜高可利用勾股定理求解。

【任务 1】

计算提供的块料墙面工程清单的综合单价及合价。情景假设：按照《浙江省建筑工程预算定额》取定价为准；企业管理费 15%，利润 10%，风险 0。

分部分项清单工程量

序号	项目编码	项目名称	项目特征	计量单位	工程量
1	011204003001	块料墙面	砖外墙 1 ∶ 3 水泥砂浆打底厚 15mm(81.21m^2)，1 ∶ 2 水泥砂浆 5mm 厚粘贴 50×230 外墙砖，离缝 8mm	m^2	88.64

分部分项工程量清单综合单价计价表

序号	编号	项目名称	单位	数量	综合单价（元）							合价（元）
					人工费	材料费	机械使用费	管理费	利润	风险费用	小计	
1	011204003001	块料墙面	m^2	88.64								
		块料外墙面	m^2									
		抹底灰	m^2									

【任务 2】

计算提供的块料墙面工程清单的综合单价及合价。情景假设：按照《浙江省建筑工程预算定额》取定价为准；企业管理费 20%，利润 15%，风险 10%。

分部分项清单工程量

序号	项目编码	项目名称	项目特征	计量单位	工程量
1	011204003001	块料墙面	砖外墙 1 ∶ 3 水泥砂浆打底厚 15mm（51.63m^2），1 ∶ 2 水泥砂浆 5mm 厚粘贴 200×200 外墙砖，离缝 8mm	m^2	54.32

分部分项工程量清单综合单价计价表

序号	编号	项目名称	单位	数量	综合单价（元）							合价（元）
					人工费	材料费	机械使用费	管理费	利润	风险费用	小计	
1	011204003001	块料墙面	m^2	54.32								
		块料外墙面	m^2									
		抹底灰	m^2									

【任务 3】

计算提供的柱面工程清单的综合单价及合价。情景假设：按照《浙江省建筑工程预算定额》取定价为准；企业管理费 20%，利润 15%，风险 10%。

分部分项清单工程量

序号	项目编码	项目名称	项目特征	计量单位	工程量
1	011205001001	石材柱面	钢筋混凝土圆柱面，30mm 厚 1：2 水泥砂浆灌浆，挂贴四川红花岗岩柱面，工程量包括 10 个花岗岩柱帽（4.11m^2），酸洗打蜡	m^2	80.91

分部分项工程量清单综合单价计价表

序号	编号	项目名称	单位	数量	综合单价（元）							合价（元）
					人工费	材料费	机械使用费	管理费	利润	风险费用	小计	
1	011205001001	石材柱面	m^2	80.91								
		石材柱面	m^2									
		圆柱帽	m^2									
		石料面层酸洗打蜡	m^2									

石材柱面:

材料费＝____元 /100m^2

工作页 8　天棚工程

内容摘要:

一、天棚抹灰（清单与定额计算规则一致）

计算规则：按设计图示尺寸以水平投影以 m^3 计算（主墙间净面积）。

（1）不扣除间壁墙、柱、垛、附墙烟囱、检查口和通道所占面积。

（2）带梁天棚梁的两侧抹灰面积并入天棚面积内。

二、天棚吊顶（注意清单与定额规则的区别）

1. 定额计算规则：天棚吊顶不分跌级与平面，基层与面层均按展开面积计算。天棚面中的灯槽及锯齿形、吊挂式、藻井式天棚面积不展开计算。

（1）不扣除间壁墙、检查口、附墙烟道、柱垛和管道所占面积。

（2）扣除 $0.3m^2$ 以上单个独立柱、孔洞及与天棚相连的窗帘盒所占面积。

2. 清单计算规则：照设计图示尺寸以“水平投影面积”计算。

不展开：灯槽及跌级、锯齿形、吊挂式、藻井式等造型;

不扣除：间壁墙、检查口、附墙烟囱、柱垛和管道、0.3 以内的孔洞所占面积;

应扣除：单个面积在 $0.3m^2$ 以上的孔洞、独立柱、及与天棚相连的窗帘箱的面积。

3. 定额与清单规则的区别：定额需要计算展开面积，即水平面积、垂直面积分别计算工程量；清单只需计算水平投影面积，不需计算展开面积，即垂直面积。

三、天棚抹灰与天棚吊顶在计算水平投影面积时的区别

1. 天棚抹灰不扣除柱、垛，包括独立柱所占面积;

2. 天棚吊顶不扣除柱垛所占面积，但扣除 $0.3m^2$ 以上单个独立柱所占面积。

【任务 1】

计算提供的天棚工程清单的综合单价及合价。按照《浙江省建筑工程预算定额》（2010 版）取定价为准；企业管理费 20%，利润 15%，风险 10%。

分部分项清单工程量

序号	项目编码	项目名称	项目特征	计量单位	工程量
1	011302001001	天棚吊顶	餐厅：跌级吊顶，单层杉木龙骨 80×60，双向中距 600；跌级侧边木龙骨配合三夹板形成圆弧，其他为 9 厚石膏板饰面；跌级侧边圆弧面积 $0.99m^2$	m^2	8.87
2	011302001002	天棚吊顶	客厅：跌级吊顶，轻钢龙骨 U38 不上人型，跌级部位 200mm 高增加细木工板基层，9 厚石膏板饰面；悬挑灯槽面积 $3.84m^2$	m^2	22.51
3	011302001003	天棚吊顶	卫生间、厨房吊顶：铝合金条板（密缝）配套龙骨吊顶	m^2	10.44

情景假设：

餐厅吊顶：平面龙骨骨架 8.87m²，侧面弧线型木龙骨骨架 0.99m²，龙骨上石膏板饰面 8.87m²，木龙骨三夹板曲边 0.99m²

客厅吊顶：平面轻钢龙骨 U38 型骨架 22.51m²，测面轻钢龙骨 U38 型骨架 3.25m²，轻钢龙骨上石膏板饰面 22.51m²，细木工板悬挑灯槽 3.5m²，木工板上增加石膏板饰面 3.84m²

厨房、卫生间吊顶：铝合金条板天棚 10.44m²。

分部分项工程量清单综合单价计价表

序号	编号	项目名称	单位	数量	综合单价（元）							合价（元）
					人工费	材料费	机械使用费	管理费	利润	风险费用	小计	
1	011302001001	天棚吊顶：餐厅	m²	8.87								
		平面龙骨骨架	m²									
		侧面弧线形木龙骨	m²									
		龙骨上石膏板饰面	m²									
		木龙骨三夹板曲边	m²									
2	011302001002	天棚吊顶：客厅	m²	22.51								
		平面轻钢龙骨U38 型	m²									
		侧面轻钢龙骨U38 型	m²									
		平面石膏板饰面	m²									
		钉在木龙骨上细木工板侧面天棚饰面	m²									
		木工板上石膏板饰面	m²									
		悬挑灯槽	m²									
		木工板上石膏板饰面	m²									
3	011302001003	天棚吊顶：厨房、卫生间	m²	10.44								
		铝合金条板天棚	m²									

【任务 2】

计算提供的天棚工程清单的综合单价及合价。情景假设：按照《浙江省建筑工程预算定额》取定价为准；企业管理费 15%，利润 10%，风险 0。

分部分项清单工程量

序号	项目编码	项目名称	项目特征	计量单位	工程量
1	011302001001	天棚吊顶	客厅 U38 型不上人轻钢龙骨石膏板吊顶，跌级吊顶，跌级侧边面积为 3.58m²	m²	55.71

分部分项工程量清单综合单价计价表

序号	编号	项目名称	单位	数量	综合单价（元）							合价（元）
					人工费	材料费	机械使用费	管理费	利润	风险费用	小计	
1	011302001001	天棚吊顶	m²	55.71								
		平面轻钢龙骨 U38 型	m²									
		侧面轻钢龙骨 U38 型	m²									
		平面石膏板 U 型轻钢	m²									
		侧面石膏板 U 型轻钢	m²									

【任务 3】

如图 8-1 所示，编制天棚工程清单及其综合单价及合价。情景假设：设计为 U38 不上人型轻钢龙骨石膏板吊顶，按照《浙江省建筑工程预算定额》取定价为准；企业管理费 20%，利润 15%，风险 5%。

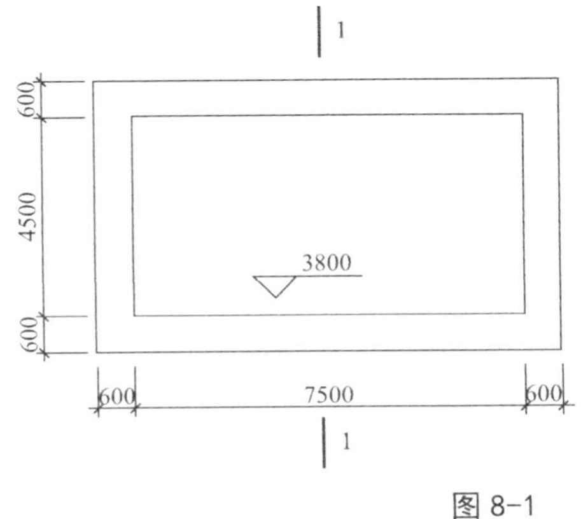

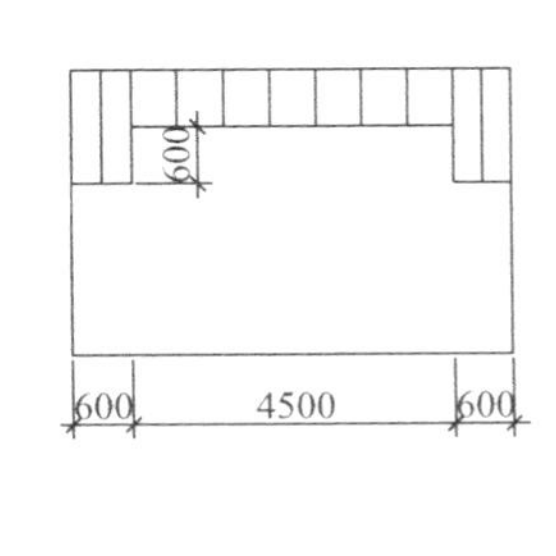

图 8-1

平面：S =____m^2

侧面：S =____m^2

分部分项清单工程量

序号	项目编码	项目名称	项目特征	计量单位	工程量
		天棚吊顶			

分部分项工程量清单综合单价计价表

序号	编号	项目名称	单位	数量	综合单价（元）							合价（元）
					人工费	材料费	机械使用费	管理费	利润	风险费用	小计	
1		天棚吊顶	m^2									
		平面轻钢龙骨 U38 型	m^2									
		侧面轻钢龙骨 U38 型	m^2									
		平面石膏板 U 型轻钢	m^2									
		侧面石膏板 U 型轻钢	m^2									

【任务 4】

情景假设：如图 8-2 所示建筑物一层平面，室内板底梁间做平面吊顶，范围及做法为：

（1）厅、客厅、门厅为方木天棚龙骨，细木工板基层，装饰夹板面层；

（2）活动室、客厅、厨房、洗衣房为木龙骨天棚，细木工板基层，铝塑板面层；天棚龙骨刷防腐油，求直接费。

编制天棚工程清单及其综合单价及合价。按照《浙江省建筑工程预算定额》取定价为准；企业管理费 15%，利润 10%，风险 0。

步骤 1　餐厅、客厅、门厅

工程量：S =____m^2

步骤 2　活动室、客房、厨房、洗衣房

S =____m^2

分部分项清单工程量

序号	项目编码	项目名称	项目特征	计量单位	工程量
1		天棚吊顶			
2		天棚吊顶			

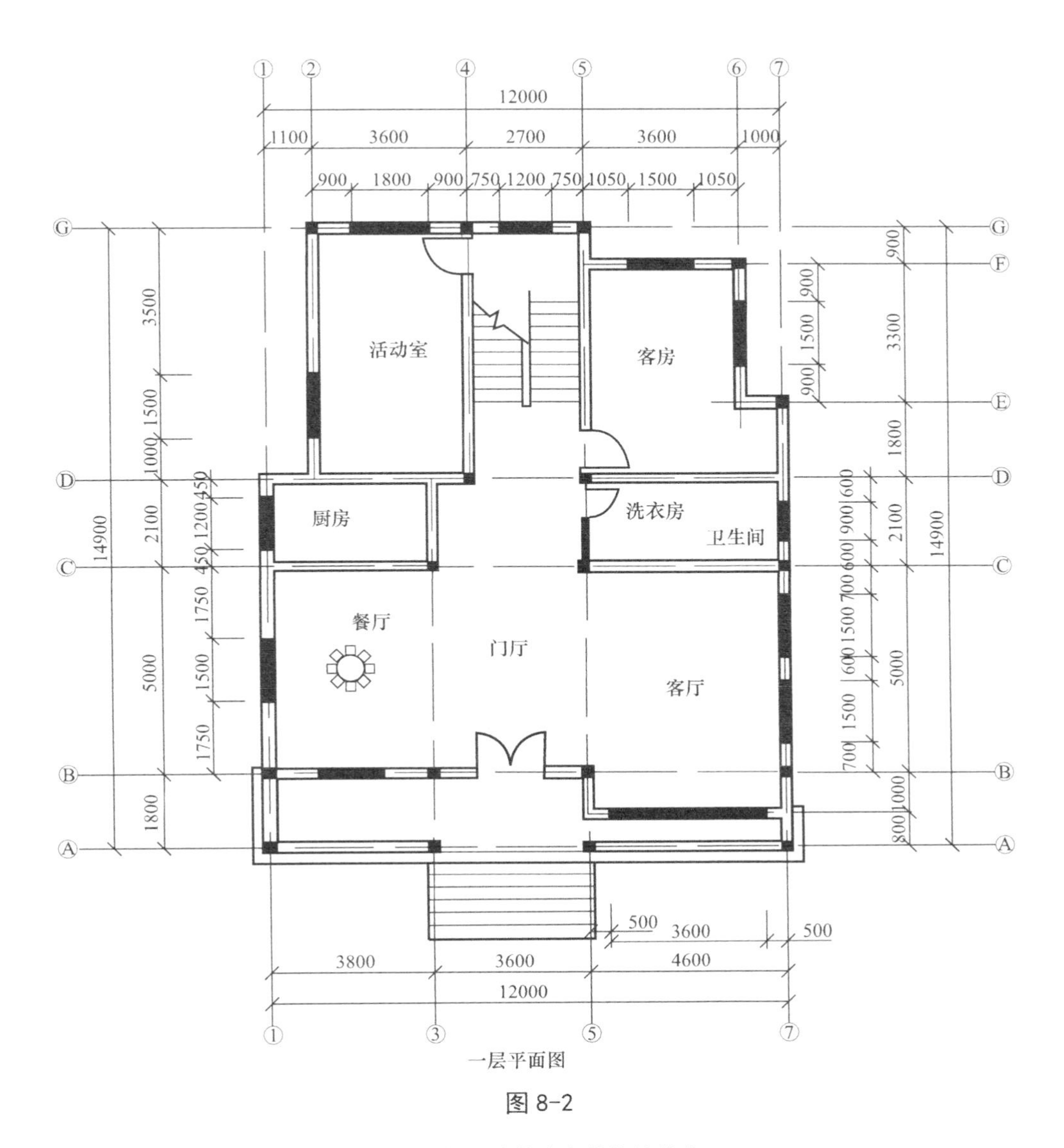

一层平面图

图 8-2

分部分项工程量清单综合单价计价表

序号	编号	项目名称	单位	数量	综合单价（元）							合价（元）
					人工费	材料费	机械使用费	管理费	利润	风险费用	小计	
1		天棚吊顶	m^2									
		方木天棚龙骨	m^2									
		细木工板基层	m^2									

续表

序号	编号	项目名称	单位	数量	综合单价（元）							合价（元）
					人工费	材料费	机械使用费	管理费	利润	风险费用	小计	
1		装饰夹板面层	m^2									
2		天棚吊顶	m^2									
3		方木天棚龙骨	m^2									
4		细木工板基层	m^2									
5		铝塑板面层	m^2									

工作页 9　施工技术措施项目计价

内容摘要：

一、脚手架清单列项

1. 综合脚手架：

1）使用综合脚手架时，不再使用外、里等单项脚手架；

2）综合脚手架适用按照“建筑面积”计算的建筑工程，不适用加层、构筑物及附属工程等脚手架；

3）同一建筑物有不同檐高时，分别列项。

2. 外脚手架、里脚手架：按所服务对象的垂直投影面积计算。

3. 满堂脚手架：

1）层高在超过 3.6m 以上的天棚抹灰；

2）基础深度超过 2m 的混凝土运输脚手架；

3）按搭设的水平投影面积计算。

二、脚手架综合单价

1. 基本层高度

- 综合脚手架：6m，超过 6m，另按每增加 1m 以内定额计算
- 天棚脚手架：3.6 ～ 5.2m，高度超过 5.2m，另按每增加 1.2m 增加层定额计算
- 基础混凝土运输脚手架：2 ～ 3.6m，套用满堂脚手架基本层定额乘以系数 0.6，超过 3.6m，另按增加层定额乘以系数 0.6

2. 工程量计算

- 综合脚手架：建筑面积
- 天棚脚手架：天棚面积
- 砌墙脚手架：外墙脚手架＝外墙面积 ×1.15
  内墙脚手架＝内墙面积 ×1.1
  不扣除门窗洞口、空圈等面积
- 基础混凝土运输脚手架：首层建筑面积

三、垂直运输费：按建筑面积计算

1. 同一建筑物有不同檐高时，按建筑物的不同檐高做纵向分割，分别计算建筑面积，以不同檐高分别编码列项；

2. 檐高 3.6m 以内的单层建筑，不计算垂直运输费用；

3. 计价部分：层高按 3.6m 以内考虑，超过 3.6m 时，按每增加 1m 相应定额计算，超高不足 1m 的，每增加 1m 相应定额按比例调整。

四、超高施工增加费：按建筑面积超高部分的建筑面积计算

1. 单层建筑物檐口高度超过 20m，多层建筑物超过 6 层时，可按超高部分的建筑面积计算超高施工增加费；

2. 同一建筑物有不同檐高时，可按不同高度的建筑面积分别计算建筑面积；

3. 计价部分：层高按 3.6m 以内考虑，超过 3.6m 时，按每增加 1m 相应定额计算，超高不足 1m 的，每增加 1m 相应定额按比例调整。

【任务 1】

情景假设：某工程如图 9-1 所示，钢筋混凝土基础深度 $H=5.2$m，每层建筑面积 800m^2，天棚面积 720m^2，楼板厚 100mm。按照预算定额计算综合单价，人、材、机价格按定期基期价格，管理费按 15% 计取，利润 10%，无风险。

编制下列措施项目清单并计算综合单价：项目 1 综合脚手架；项目 2 天棚抹灰脚手架；项目 3 基础混凝土运输脚手架。

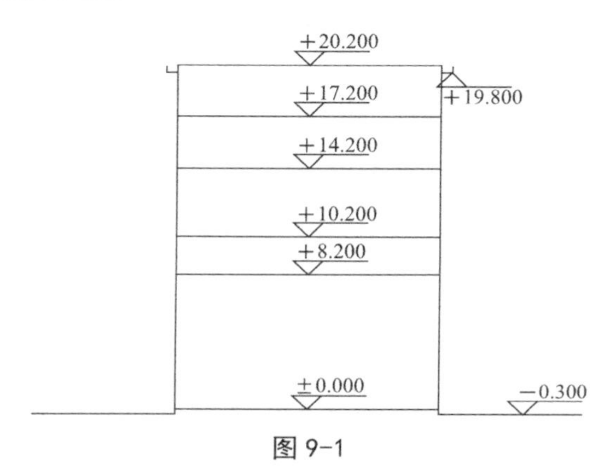

图 9-1

步骤 1：综合脚手架：$S=$________________________m^2

底层层高 $H=8$m >__________m，工程量 $S_1=$____________m^2，

步骤 2：天棚抹灰脚手架：

底层高度为：________________________m，

第三层高度为：________________________m。

步骤 3：基础混凝土运输脚手架费用：

基础 $H=5.2$m >__________m，__________计算脚手架费用。

措施项目工程量清单

序号	项目编码	项目名称	项目特征	计量单位	工程量
1		综合脚手架			
2		满堂脚手架			
3		满堂脚手架			
4		满堂脚手架			

措施项目清单综合单价计价表

序号	编号	项目名称	单位	数量	综合单价（元）							合价（元）
					人工费	材料费	机械使用费	管理费	利润	风险费用	小计	
1		综合脚手架	m^2									
		檐高 20.1m，层高 6m 以内	m^2									
		每增加 1m，一层层高 8m	m^2									
2		满堂脚手架	m^2									
		一层高度 7.9m	m^2									
3		满堂脚手架	m^2									
		三层高度 3.9m	m^2									
4		满堂脚手架	m^2									
		基础混凝土运输脚手架，基础深度 $H=5.2$m	m^2									

【任务 2】

情景假设：如图所示，某建筑物分三个单元，第一个单元共 20 层，檐口高度为 62.7m，建筑面积每层 300m^2；第二个单元共 18 层，檐口高度为 49.7m，建筑面积每层 500m^2，第三个单元共 15 层，檐口高度为 35.7m，建筑面积每层 200m^2，有地下室一层，建筑面积 1000m^2。每层层高均 3m。试编制该工程垂直运输清单及综合单价。按照预算定额计算综合单价，人、材、机价格按定期基期价格，管理费按 15% 计取，利润 10%，无风险。

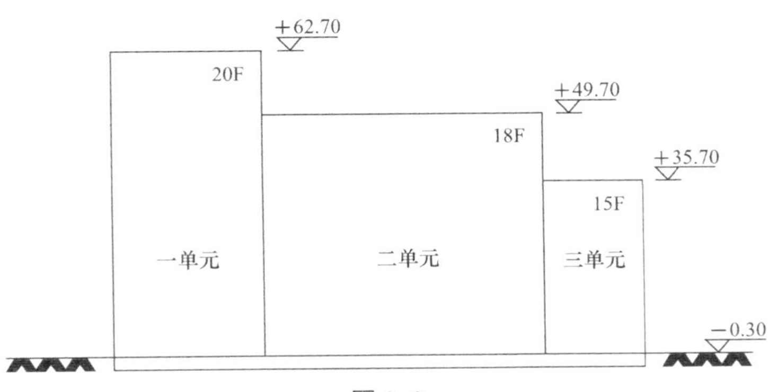

图 9−2

确定建筑物三个不同标高的建筑面积应垂直分割计算。

步骤 1：檐口高度 70m 以内：

$S=$__________________________________m^2

步骤 2：檐口高度 50m 以内：

$S=$__________________________________m^2

步骤 3：檐口高度 40m 以内：

$S=$__________________________________m^2

步骤 4：地下室垂直运输：

$S=$__________________________________m^2

措施项目工程量清单

序号	项目编码	项目名称	项目特征	计量单位	工程量
1		垂直运输			
2		垂直运输			
3		垂直运输			
4		垂直运输			

措施项目工程量清单综合单价计价表

序号	编号	项目名称	单位	数量	综合单价（元）							合价（元）
					人工费	材料费	机械使用费	管理费	利润	风险费用	小计	
1		垂直运输	m^2									
		檐高 70m 以内	m^2									
2		垂直运输	m^2									
		檐高 50m 以内	m^2									
3		垂直运输	m^2									
		檐高 40m 以内	m^2									
4		垂直运输	m^2									
		地下室一层	m^2									

【任务 3】

情景假设：某施工企业承担某建筑物外墙干挂花岗岩的施工，檐口总高度为 28.60m，层高均小于 3.6m，首层室内地坪以上建筑面积 3306m^2（20m 以下为 2680m^2，20m 以上为

626m²），算出其总的定额直接工程费为 4401698.86 元，其中人工费为 544670.82 元，材料费为 3801555.23 元，机械费为 55472.81 元（其中垂直运输费为 4260 元），试编制其超高施工增加清单及其综合单价。按照预算定额计算综合单价，人、材、机价格按定期基期价格，管理费按 15% 计取，利润 10%，无风险。

措施项目工程量清单

序号	项目编码	项目名称	项目特征	计量单位	工程量
		超高施工增加			

分部分项工程量清单综合单价计价表

序号	编号	项目名称	单位	数量	综合单价（元）							合价（元）
					人工费	材料费	机械使用费	管理费	利润	风险费用	小计	
1		超高施工增加	m²									
		檐高 28.60m，人工降效增加										
		檐高 28.60m，机械降效增加										

【任务 4】

情景假设：某民用建筑如图 9-3 所示，已知该楼由裙房和主楼两部分组成，设计室外地坪为－0.45m。主楼每层建筑面积 1200m²，裙房每层建筑面积 1000m²，设备层层高 2.1m，楼板厚度均为 100mm。塔式起重机两座，施工电梯一座。编制脚手架（综合脚手架、1 ～ 2 层天棚抹灰脚手架），垂直运输，超高施工增加及大型机械基础等工程量清单（假设地面以上人工费为 1260，机械费为 450 万元）。按照预算定额计算综合单价，人、材、机价格按定期基期价格，管理费按 10% 计取，利润 8%，无风险。

楼层	层高（m）	每层建筑面积（m²）	每层天棚水平面积（m²）
1	6.4	1200（主楼）＋ 1000（裙房）	1120 ＋ 950
2	5.1	1200 ＋ 1000	1120 ＋ 950
3	3.6	1200 ＋ 1000	1200 ＋ 1000
4 ～ 6	3	1200 ＋ 1000	1200 ＋ 1000
7 ～ 10	3.6	1200	1120
地下一层	3	2500	

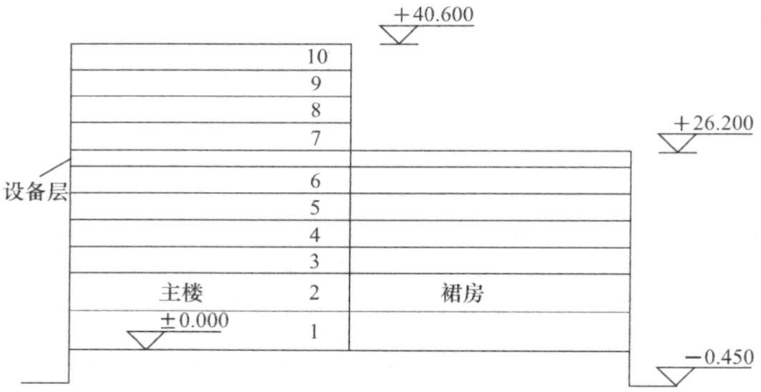

图 9-3

步骤 1：综合脚手架:

1）地下室: S =______________m^2

2）主楼: 檐高:______________m　　S =______________m^2

底层，层高______________m，S =______________m^2

裙房: 檐高______________m　　S =______________m^2

底层，层高______________m，S =______________m^2

步骤 2：天棚抹灰脚手架

1）底层: 层高______________m，天棚面积 S =______________m^2

2）二层: 层高______________m，天棚面积 S =______________m^2

步骤 3：垂直运输

1）地下室垂直运输: S =______________m^2

2）主楼: S =______________m^2

裙房: S =______________m^2

其中底层层高__________m，二层层高__________m，均超过__________m

步骤 4：超高施工增加费

主楼建筑面积比例:______________

裙房建筑面积比例:______________

主楼地面以上人工费:______________机械费:______________

裙房地面以上人工费:______________机械费:______________

措施项目工程量清单

序号	项目编码	项目名称	项目特征	计量单位	工程量
1		综合脚手架			
2		综合脚手架			
3		综合脚手架			
4		满堂脚手架			
5		满堂脚手架			

续表

序号	项目编码	项目名称	项目特征	计量单位	工程量
6		垂直运输			
7		垂直运输			
8		垂直运输			
9		超高施工增加费			
10		超高施工增加费			
11		塔式起重机基础费用			
12		施工电梯基础费用			

措施项目清单综合单价计价表

序号	编号	项目名称	单位	数量	综合单价（元）							合价（元）
					人工费	材料费	机械使用费	管理费	利润	风险费用	小计	
1		综合脚手架	m^2									
		地下室一层	m^2									
2		综合脚手架	m^2									
		主楼，檐高 41.05m，层高 6m 以内	m^2									
		主楼，檐高 41.05m，一层层高 6.4m，每增加 1m	m^2									
3		综合脚手架	m^2									
		裙楼，檐高 26.65m，层高 6m 以内	m^2									
		裙楼，檐高 26.65m，一层层高 6.4m，每增加 1m	m^2									
4		满堂脚手架	m^2									
		一层高度 6.3m	m^2									
5		满堂脚手架	m^2									
		二层高度 5.0m	m^2									
6		垂直运输	m^2									

续表

序号	编号	项目名称	单位	数量	综合单价（元）							合价（元）
					人工费	材料费	机械使用费	管理费	利润	风险费用	小计	
6		一层地下室垂直运输	m^2									
7		垂直运输	m^2									
		垂直运输，3.6m 以内	m^2									
		每增加 1m，层高 6.4m	m^2									
		每增加 1m，层高 5.1m	m^2									
8		垂直运输	m^2									
		垂直运输，3.6m 以内	m^2									
		每增加 1m，层高 6.4m	m^2									
		每增加 1m，层高 5.1m	m^2									
9		超高施工增加	m^2									
		主楼，人工降效费	万元									
		主楼，机械降效费	万元									
		每增加 1m，层高 6.4m	m^2									
		每增加 1m，层高 5.1m	m^2									
10		超高施工增加	m^2									
		裙房，人工降效费	万元									
		裙房，机械降效费	万元									
		每增加 1m，层高 6.4m	m^2									
		每增加 1m，层高 5.1m	m^2									
11		塔式起重机基础费用	座									
		固定式基础	座									
12		施工电梯基础费用	座									
		施工电梯固定式基础	座									

工作页 10　建设工程施工费用

内容摘要:

一、建筑工程施工费用计算程序分工料单价法和综合单价法两种。

1. 工料单价法：指分部分项工程项目单价按工料单价计算，施工组织措施项目费、企业管理费、利润、规费及税金等单独列项计算的一种方法。

工料单价——人工费、材料费、机械使用费。

2. 综合单价法：指分部分项项目费及施工技术措施项目费的单价按综合单价计算，施工组织措施项目费、规费、税金单独列项计算的一种方法。

综合单价——人工费、材料费、机械使用费、企业管理费、利润、风险。

二、建筑工程费用计算方法

1. 施工组织措施费：以费率形式计算。

施工组织措施费＝（人工费＋机械费）× 费率

2. 提前竣工增加费以工期缩短的比例计取：计取提前竣工增加费不应同时计取夜间施工增加费。

工期缩短的比例＝［（定额工期—合同工期）/ 定额工期］×100%

三、企业管理费与利润、规费

企业管理费＝（人工费＋机械费）× 费率

利润＝（人工费＋机械费）× 费率

规费＝（人工费＋机械费）× 费率

四、税金＝（分部分项工程费＋施工措施费＋企业管理费＋利润＋规费）× 税率

注意：编制招标控制价时，应按弹性区间费率的中值计取。

【任务 1】

情景假设：某市区（非特殊地区）拟建综合大楼，建筑高度为 62.5m，地下一层，地面 18 层。以施工总承包形式进行发包，无业主分包，要求按国家定额工期提前 20% 竣工。已知该综合大楼建筑工程的分部分项工程费加施工技术措施费共 2800 万元，其中人工费 550 万元，机械费 220 万元；施工组织措施费根据浙江省《施工取费定额》内容及规定分别列项计算，以弹性区间费率编制费用的项目按中值计算；意外伤害保险等单列项目不考虑（小数点保留到“元”）。

根据上述条件，项目 1. 要求判定工程类别。

项目 2. 采用工料单价法列出费用计算表，计算建筑工程造价。

工程类别确定该综合大楼为______，建筑高度 H ＝____m ＞____m，但小于____m；建筑总层数 N ＝____层，其中地下室____层，所以确定为____工程。

序号	费用名称	计算式	金额（万元）
一	分部分项工程费＋施工技术措施费		
1	其中：人工、机械费		
二	施工组织措施费	∑（2～7）	
2	安全文明施工费	（1）×____%	
3	工程定位复测费	（1）×____%	
4	冬雨季施工增加费	（1）×____%	
5	提前竣工增加费	（1）×____%	
6	二次搬运费	（1）×____%	
7	已完工程及设备保护费	（1）×____%	
8	夜间施工增加费	（1）×____%	
三	企业管理费	（1）×____%	
四	利润	（1）×____%	
五	规费	（1）×____%	
六	税金	（一＋二＋三＋四＋五）×____%	
七	建筑工程造价	一＋二＋三＋四＋五＋六	

【任务 2】

情景假设：某工程类别为二类，市区（非特殊地区）项目。其分部分项工程量清单项目费为 1200 万元，其中：人工费（不含机上人工）350 万元，机械费 180 万元；技术措施费项目清单费为 50 万元，其中人工费 10 万元（不含机上人工费）、机械费 15 万元（不含大型机械单独计算费用）；其他项目清单费 15 万元；合同要求工期比国家定额工期缩短 8%，施工组织措施费根据浙江省《施工取费定额》内容及规定分别列项计算，以弹性区间费率编制费用的项目按下值费率计算；意外伤害保险等单列项目不考虑。根据上述条件，采用综合单价法列出费用计算表，计算建筑工程造价（小数点保留到“元”）。

步骤 1 该工程类别为________________________类、________________________项目

序号	费用名称	计算式	金额（万元）
一	分部分项工程		
	1. 人工费＋机械费		

续表

序号	费用名称	计算式	金额（万元）
二	措施项目	（一）＋（二）	
（一）	施工技术措施项目		
	2. 人工费＋机械费		
（二）	施工组织措施项目	∑（3～8）	
	3. 安全文明施工费	（1＋2）×____%	
	4. 工程定位复测费	（1＋2）×____%	
	5. 冬雨季施工增加费	（1＋2）×____%	
	6. 已完工程及设备保护费	（1＋2）×____%	
	7. 二次搬运费	（1＋2）×____%	
	8. 提前竣工费	（1＋2）×____%	
	9. 夜间施工增加费	（1＋2）×____%	
三	其他项目费		
四	规费	（1＋2）×____%	
五	税金	（一＋二＋三＋四）×____%	
六	建筑工程造价	一＋二＋三＋四＋五	

【任务 3】

情景假设：某住宅楼项目建筑工程，地下室 1 层，地上 14 层，高度 43.2m。本工程为国有投资项目，建设单位对工程招标需编制招标控制价，采用浙江省建设工程计价依据。其他情况如下：

（1）本工程清单分部分项工程费为 3200 万元，其中人工费和机械费合计 1000 万元；技术措施项目费 600 万元，其中人工费和机械费合计为 130 万元，其他项目清单 100 万元；

（2）本工程定额工期为 400 天，拟定合同工期 370 天，工程质量目标为合格工程；

（3）本工程为市区一般工程，材料运输无需采用二次搬运方式，需考虑冬雨季施工因数及竣工验收前的已完工程保护的因素；

（4）本工程意外伤害保险等单列项目不考虑。

试根据以上条件：

（一）判断该工程类别，并说明理由；

（二）填写完成费用计算表，对于表中组织措施部分所列项目，如认为不发生的，可直接在费率及金额栏中填写“0”。（计算结果保留 4 位小数）

步骤　因为该建筑为_____建筑，层数_____层；地下室_____层。有_____个条件符合____工程，所以该工程为_____工程。

序号	费用名称	计算式	金额（万元）
一	分部分项工程		
	1. 人工费＋机械费		
二	措施项目	（一）＋（二）	
（一）	施工技术措施项目		
	2. 人工费＋机械费		
（二）	施工组织措施项目	∑（3 ～ 8）	
	3. 安全文明施工费	（1 ＋ 2）×____%	
	4. 工程定位复测费	（1 ＋ 2）×____%	
	5. 冬雨季施工增加费	（1 ＋ 2）×____%	
	6. 已完工程及设备保护费	（1 ＋ 2）×____%	
	7. 二次搬运费	（1 ＋ 2）×____%	
	8. 提前竣工费	（1 ＋ 2）×____%	
	9. 夜间施工增加费	（1 ＋ 2）×____%	
三	其他项目费		
四	规费	（1 ＋ 2）×____%	
五	税金	（一＋二＋三＋四）×____%	
六	建筑工程造价	一＋二＋三＋四＋五	

【任务 4】

某 18 层市区临街综合楼，含地下室一层，单层建筑面积均为 1500m²，其中地下室层高 5m，地上建筑首层、二层层高 4.5m，其余标准层层高为 3.6m，设计室外地坪标高为－1.00m，檐口底标高与屋面平齐，该工程以清单招标方法按施工总承包形式进行发包（无专业分包）。

试根据上述内容，判断该工程类别并说明理由；

根据上述内容和以下所提供的假设条件，结合施工费用定额关于招标控制价的编制规定，以综合单价法计算该招标控制价的各项费用及工程造价（注：费用计算结果均四舍五入保留两位小数）。

情景假设：

1. 该综合大楼建筑工程的清单分部分项工程费为3000万元，其中人工费600万元、机械费250万元，施工技术措施费为500万元，其中人工费65万元、机械费85万元，其他项目费100万元；

2. 相应的材料费用已按市场价格考虑，相应的人工费、机械费不考虑市场信息价格的价差因素；

3. 该工程定额工期为500天，拟定合同工期425天（涉及冬雨期施工因素）；

4. 施工场地狭小，材料需考虑二次搬运因素，工程质量目标为合格工程，要求做好竣工验收期的已完工程成品保护工作；

5. 该工程意外伤害保险等单列项目不考虑。

步骤　工程类别判定：该工程为＿＿＿＿＿＿＿＿＿＿＿＿＿＿＿＿＿工程。

理由：高度为＿＿＿＿＿＿，层数＿＿＿＿＿＿，地下室＿＿＿＿＿＿层。

序号	费用名称	计算式	金额（万元）
一	分部分项工程		
	1. 人工费＋机械费		
二	措施项目	（一）＋（二）	
（一）	施工技术措施项目		
	2. 人工费＋机械费		
（二）	施工组织措施项目	∑（3～8）	
	3. 安全文明施工费	（1＋2）×＿＿%	
	4. 工程定位复测费	（1＋2）×＿＿%	
	5. 冬雨季施工增加费	（1＋2）×＿＿%	
	6. 已完工程及设备保护费	（1＋2）×＿＿%	
	7. 二次搬运费	（1＋2）×＿＿%	
	8. 提前竣工费	（1＋2）×＿＿%	
	9. 夜间施工增加费	（1＋2）×＿＿%	

续表

序号	费用名称	计算式	金额（万元）
三	其他项目费		
四	规费	（1＋2）×____%	
五	税金	（一＋二＋三＋四）×____%	
六	建筑工程造价	一＋二＋三＋四＋五	

附录　建筑工程施工取费费率

附件一：

民用建筑工程类别划分表

工程 \ 类别			一类	二类	三类
民用建筑	居住建筑	高度 H（m）	$H > 87$	$45 < H \leqslant 87$	$H \leqslant 45$
		层数 N	$N > 28$	$14 < N \leqslant 28$	$6 < N \leqslant 14$
		地下室层数 N	$N > 1$	$N = 1$	半地下室
	公共建筑	高度 H（m）	$H > 65$	$25 < H \leqslant 65$	$H \leqslant 25$
		层数 N	$N > 18$	$6 < N \leqslant 18$	$N \leqslant 6$
		地下室层数 N	$N > 1$	$N = 1$	—
	特殊建筑	跨度 L（m）	$L > 36$	$24 < L \leqslant 36$	$L \leqslant 24$
		面积 S（m^2）	$S > 10000$	$5000 < S \leqslant 10000$	$S \leqslant 5000$

附件二:

一、建筑工程施工取费费率

1．建筑工程施工组织措施费费率

定额编号	项目名称		计算基数	费率（%）		
				下限	中值	上限
A1	施工组织措施费					
A1-1	安全文明施工费					
A1-1-1	其中	非市区工程	人工费＋机械费	11.80	13.12	14.45
A1-1-2		市区一般工程		13.82	15.33	16.88
A1-1-3		市区临街工程		15.64	17.36	19.08
A1-1-1	创标化工地增加费					
A1-1-1-1	其中	非市区工程	人工费＋机械费	2.10	2.47	2.96
A1-1-1-2		市区一般工程		2.47	2.90	3.48
A1-1-1-3		市区临街工程		2.83	3.33	4.00
A1-2	夜间施工增加费			0.02	0.04	0.08
A1-3	提前竣工增加费					
A1-3-1	其中	缩短工期 10% 以内	人工费＋机械费	0.01	0.92	1.83
A1-3-2		缩短工期 20% 以内		1.83	2.27	2.71
A1-3-3		缩短工期 30% 以内		2.71	3.15	3.59
A1-4	二次搬运费			0.71	0.88	1.03
A1-5	已完工程及设备保护费			0.02	0.05	0.08
A1-6	工程定位复测费			0.03	0.04	0.05
A1-7	冬雨季施工增加费			0.10	0.20	0.30
A1-8	优质工程增加费		优质增加费前造价	2.00	3.00	4.00

注：单独装饰及专业工程安全文明施工费费率乘以系数 0.6。

2．建筑工程企业管理费费率

定额编号	项目名称	计算基数	费率（%）		
			一类	二类	三类
A2	企业管理费				
A2-1	工业与民用建筑工程	人工费＋机械费	28.29 ～ 36.78	22.63 ～ 31.12	16.98 ～ 25.46
A2-2	单独装饰工程		25.46 ～ 32.54	21.22 ～ 28.29	16.98 ～ 24.05
A2-3	单独构筑物及其他工程		31.12 ～ 39.61	25.46 ～ 33.95	19.81 ～ 28.29
A2-4	专业打桩工程		18.39 ～ 24.05	14.15 ～ 19.81	9.90 ～ 15.56
A2-5	专业钢结构工程		22.63 ～ 29.71	16.98 ～ 24.05	11.32 ～ 18.39
A2-6	专业幕墙工程		26.88 ～ 35.37	21.22 ～ 29.71	15.56 ～ 24.05
A2-7	专业土石方工程		12.73 ～ 16.98	9.90 ～ 14.15	7.07 ～ 11.32
A2-8	其他专业工程		—	16.98 ～ 22.63	—

注：建筑工程施工取费费率表中的专业工程仅适用于单独承包的专项施工工程。其他专业工程指本定额所列专业工程项目以外的，需具有专业工程施工资质施工的工程。

3．建筑工程利润费率

定额编号	项目名称	计算基数	费率（%）
A3	利润		
A3-1	工业与民用建筑工程专业钢结构工程	人工费＋机械费	6.00 ～ 11.00
A3-2	单独装饰工程、专业幕墙工程		7.00 ～ 13.00
A3-3	单独构筑物及其他工程		7.00 ～ 12.00
A3-4	专业打桩工程		4.00 ～ 8.00
A3-5	专业土石方工程		1.00 ～ 4.00
A3-6	其他专业工程		5.00 ～ 9.00

4．建筑工程规费费率

定额编号	项目名称	计算基数	费率（%）
A4	规费		
A4-1	工业与民用建筑及构筑物工程	人工费＋机械费	10.40
A4-2	单独装饰工程		13.36
A4-3	专业工程（打桩、钢结构、幕墙及其他）		6.19
A4-4	专业土石方工程		4.06

附件三：税金

增值税采用一般计税方法的建设工程（2018年5月1日起执行如下税率）

税金

定额编号	项目名称	计算基数	费率（%）
S1	税金	税前工程造价	10.00
S1-1	增值税（销项税额）		10.00

参考文献

[1] 浙江省建设工程造价管理总站组编写 . 建筑工程计价 [M]. 浙江省建设工程造价从业人员培训教材 . 2015.

[2] 部门中华人民共和国住房和城乡建设部 . 建设工程工程量清单计价规范 [M]. 北京：中国计划出版社，2013.

[3] 佚名 . 房屋建筑与装饰工程工程量计算规范 [M]. 北京：中国计划出版社，2013.

[4] 浙江省建设工程造价管理总站 . 浙江省建筑工程预算定额：2010 版 [M]. 北京：中国计划出版社，2010.

[5] 张国栋 . 工程量清单计价基础知识 [专著][M]. 北京：中国建筑工业出版社，2016.

[6] 陈卓，黄宏勇 . 建筑与装饰工程工程量清单与计价 [M]. 武汉：武汉理工大学出版社，2016.